essentials

essentials liefern aktuelles Wissen in konzentrierter Form. Die Essenz dessen, worauf es als „State-of-the-Art" in der gegenwärtigen Fachdiskussion oder in der Praxis ankommt. essentials informieren schnell, unkompliziert und verständlich

- als Einführung in ein aktuelles Thema aus Ihrem Fachgebiet
- als Einstieg in ein für Sie noch unbekanntes Themenfeld
- als Einblick, um zum Thema mitreden zu können

Die Bücher in elektronischer und gedruckter Form bringen das Fachwissen von Springerautor*innen kompakt zur Darstellung. Sie sind besonders für die Nutzung als eBook auf Tablet-PCs, eBook-Readern und Smartphones geeignet. essentials sind Wissensbausteine aus den Wirtschafts-, Sozial- und Geisteswissenschaften, aus Technik und Naturwissenschaften sowie aus Medizin, Psychologie und Gesundheitsberufen. Von renommierten Autor*innen aller Springer-Verlagsmarken.

Weitere Bände in der Reihe http://www.springer.com/series/13088

essentials liefern aktuelles Wissen in konzentrierter Form. Die Essenz dessen, worauf es als „State-of-the-Art" in der gegenwärtigen Fachdiskussion oder in der Praxis ankommt. *essentials* informieren schnell, unkompliziert und verständlich

- als Einführung in ein aktuelles Thema aus Ihrem Fachgebiet
- als Einstieg in ein für Sie noch unbekanntes Themenfeld
- als Einblick, um zum Thema mitreden zu können

Die Bücher in elektronischer und gedruckter Form bringen das Fachwissen von Springerautor*innen kompakt zur Darstellung. Sie sind besonders für die Nutzung als eBook auf Tablet-PCs, eBook-Readern und Smartphones geeignet. *essentials* sind Wissensbausteine aus den Wirtschafts-, Sozial- und Geisteswissenschaften, aus Technik und Naturwissenschaften sowie aus Medizin, Psychologie und Gesundheitsberufen. Von renommierten Autor*innen aller Springer-Verlagsmarken.

Weitere Bände in der Reihe http://www.springer.com/series/13088

Florian Koch · Kerstin Krellenberg

Nachhaltige Stadtentwicklung

Die Umsetzung der Sustainable Development Goals auf kommunaler Ebene

Florian Koch
Hochschule für Technik und Wirtschaft
HTW Berlin
Berlin, Deutschland

Kerstin Krellenberg
Universität Wien
Wien, Österreich

ISSN 2197-6708 ISSN 2197-6716 (electronic)
essentials
ISBN 978-3-658-33926-5 ISBN 978-3-658-33927-2 (eBook)
https://doi.org/10.1007/978-3-658-33927-2

Die Deutsche Nationalbibliothek verzeichnet diese Publikation in der Deutschen Nationalbibliografie; detaillierte bibliografische Daten sind im Internet über http://dnb.d-nb.de abrufbar.

Lektorat: Cori Antonia Mackrodt
Springer VS ist ein Imprint der eingetragenen Gesellschaft Springer Fachmedien Wiesbaden GmbH und ist ein Teil von Springer Nature.
Die Anschrift der Gesellschaft ist: Abraham-Lincoln-Str. 46, 65189 Wiesbaden, Germany

Was Sie in diesem *essential* finden können

- Eine Einführung zu den Sustainable Development Goals und ihrer Bedeutung für Städte
- Eine Darstellung der Grundlagen nachhaltiger Stadtentwicklung
- Hinweise zu bisherigen Erfolgen und Schwierigkeiten bei der Umsetzung der SDGs in Städten
- Perspektiven für Forschung und Praxis der nachhaltigen Stadtentwicklung

Vorwort

Nachhaltige Stadtentwicklung ist kein neues Thema. Seit mehreren Jahrzehnten wird in Strategien, Leitbildern und Konzepten der Frage nachgegangen, wie Urbanisierung und der Schutz der Umwelt besser miteinander vereinbart werden können. Neu ist allerdings die Dringlichkeit, mit der überall auf der Welt angesichts zunehmender Verstädterung und spürbarem globalen Umweltwandel nach Lösungsansätzen gesucht wird. Dies spiegelt sich auch in der großen Bedeutung wider, die das Thema der nachhaltigen Stadtentwicklung in dem Aktionsprogramm Agenda 2030 der Vereinten Nationen und den Sustainable Development Goals hat. Mit diesem Buch möchten wir ein Einblick geben, welchen Beitrag Städte zu einer nachhaltigen Entwicklung im Sinne der Agenda 2030 leisten können.

Wir bedanken uns bei Dr. Carsten Neßhöver, Brigitte und Wolfgang Koch, Elena Schmitt, Sarah Beyer, Dennis Lumme, Malena Haas und Dr. Sarah Kollnig für Diskussionen und/oder Kommentare zum Buchmanuskript. Bedanken möchten wir uns auch für die großzügige finanzielle Unterstützung aus dem Forschungsfonds der HTW Berlin, durch die wir das Buch als open access Publikation veröffentlichen konnten.

Florian Koch
Kerstin Krellenberg

Inhaltsverzeichnis

1 Einleitung ... 1

2 Die Agenda 2030 und die Sustainable Development Goals ... 5
2.1 Entstehungsgeschichte ... 6
2.2 Ziele, Unterziele und Indikatoren ... 8
2.3 Umsetzungsinstrumente der Agenda 2030 ... 12
2.4 Widersprüche und Kritik ... 13
2.5 Stand der Umsetzung ... 15

3 Nachhaltige Stadtentwicklung und die Agenda 2030 ... 19
3.1 Die Lokalisierung der SDGs ... 23
3.2 Implementierung der SDGs in Städten ... 25
3.3 Monitoring und SDG-Indikatorensysteme ... 27
3.4 Internationale Beispiele zur Umsetzung der SDGs ... 30
3.5 Deutsche Städte und die SDGs ... 32

4 Perspektive für Forschung und Praxis ... 37
4.1 Transdisziplinäre Ansätze: Zusammenarbeit von Wissenschaft, Stadtverwaltungen, Zivilgesellschaft und Wirtschaft ... 38
4.2 Bedarf für transformative Forschung ... 40

5 Fazit: Das transformative Potenzial der SDGs ... 43

Literatur ... 47

Abkürzungsverzeichnis

HLPF	High Level Political Forum on Sustainable Development
ICLEI	International Council for Local Environmental Initiatives, heute Local Governments for Sustainability
LAG 21 NRW	Landesarbeitsgemeinschaft Agenda 21 NRW e. V.
MDGs	Millenium Development Goals
NGO	Non-governmental organisations (Nicht-Regierungs-organisationen)
OECD	Organisation for Economic Co-operation and Development
$PM_{2,5}$	Particulate Matter (Feinstaub) mit einem aerodynamischen Durchmesser kleiner als 2,5 μm
PM_{10}	Particulate Matter (Feinstaub) mit einem aerodynamischen Durchmesser kleiner als 10 μm
SDGs	Sustainable Development Goals
SKEW	Servicestelle Kommunen in der Einen Welt
UN	United Nations
UNFCCC	United Nations Framework Convention on Climate Change
VLR	Voluntary Local Reviews
VNR	Voluntary National Reviews

1 Einleitung

Wie nachhaltig kann Stadtentwicklung sein? Beton, Asphalt, Abgase und Lärm prägen oftmals unser Bild von Städten. Dies steht im Zusammenhang mit hohen Versiegelungsgraden, Emissionen und Verkehrsbelastungen, die die Folge der Konzentration von Menschen, ihrer Mobilität und ihres Handelns im städtischen Raum sind. Aus dieser Perspektive scheint es schwer vorstellbar, dass Städte zu einer nachhaltigeren Entwicklung unserer Gesellschaft beitragen können. Und in der Tat ist es so, dass Städte weltweit gesehen einen großen Anteil an den CO_2-Emissionen haben, die höchsten Energieverbräuche in urbanen Räumen entstehen und Städte somit Mitverursacher vorherrschender globaler Umweltprobleme wie Klimawandel oder Verlust der Biodiversität sind (Bulkeley et al. 2015).

Die demografische Entwicklung zeigt, warum dies problematisch ist: Von 1950 bis 2018 stieg der Anteil der in Städten lebenden Weltbevölkerung um mehr als das Vierfache. Auch wenn sich die Dynamik der Urbanisierung abschwächen wird, werden weltweit bis zum Jahr 2050 rund 2,5 Mrd. neue Stadtbewohner*innen prognostiziert (United Nations 2018). Wächst der urbane Bevölkerungsanteil weiter, ohne dass den negativen Auswirkungen der Urbanisierung auf die Umwelt entgegengewirkt wird, werden sich auch die globalen Umweltprobleme weiter potenzieren.

Angesichts der heute bereits teilweise dramatischen Auswirkungen des globalen Umweltwandels wie steigende Durchschnittstemperaturen, zunehmende Extremwetterlagen oder der Verlust von Biodiversität, müssen wir die Frage, wie nachhaltig Stadtentwicklung sein kann, neu stellen:

F. Koch und K. Krellenberg, *Nachhaltige Stadtentwicklung*, essentials,
https://doi.org/10.1007/978-3-658-33927-2_1

Wie lässt sich die Entwicklung der Städte so steuern, dass diese den notwendigen Beitrag zu einer globalen nachhaltigen Entwicklung leisten können?
Seit der Verabschiedung der Agenda 2030 der Vereinten Nationen im Jahr 2015 mit den darin enthaltenden 17 Nachhaltigkeitszielen, den Sustainable Development Goals (SDGs), wurde deren Umsetzung auf lokaler Ebene in Städten und Gemeinden intensiv diskutiert. In diesem Kontext stellen wir die Frage:

Kann die Agenda 2030 mit den SDGs dabei unterstützen, dass sich Städte nachhaltiger entwickeln?
Mit diesem Buch möchten wir interessierten Leser*innen einen Einstieg mit Hintergrundwissen zur Agenda 2030 und den SDGs liefern, Konzepte nachhaltiger Stadtentwicklung vorstellen und die Chancen sowie Herausforderungen der heutigen und zukünftigen Stadtentwicklung aufzeigen. Unser Ziel ist es, einen kompakten aber dennoch umfassenden Einblick zu vermitteln. Durch Verweise und Leseempfehlungen geben wir den Leser*innen die Möglichkeit, sich an anderer Stelle zu den jeweiligen Themen vertiefend zu informieren. Auch wurden Hinweise zu solchen Hintergrundinformationen ergänzt, die wichtige Themen gesondert darstellen.

Der für dieses Buch gewählte Ansatz ist interdisziplinär. Er vereint Erkenntnisse aus der Geografie, den Sozial- und Politikwissenschaften, aus der Stadtplanung und -forschung sowie den Nachhaltigkeitswissenschaften.

Das Buch besteht aus fünf aufeinander aufbauenden Kapiteln. Nach dieser Einführung werden in Kap. 2 die Agenda 2030 und die SDGs vorgestellt. Kap. 3 beschreibt den Zusammenhang zwischen nachhaltiger Stadtentwicklung und den SDGs. Anschließend werden in Kap. 4 Perspektiven aufgezeigt, die die SDGs für Forschung und Praxis der Stadtentwicklung bieten. In Kap. 5 erfolgt ein Fazit.

BY

2 Die Agenda 2030 und die Sustainable Development Goals

Im Jahr 2015 verabschiedeten die Mitgliedsstaaten der Vereinten Nationen die Agenda 2030 für nachhaltige Entwicklung. Die Agenda als globales Aktionsprogramm sieht bis zum Jahr 2030 weltweit gemeinsame Anstrengungen vor, um die Sustainable Development Goals (SDGs) zu erreichen. Die Realisierung dieser ambitionierten globalen Nachhaltigkeitsziele erscheint angesichts neuer Herausforderungen wie z. B. dem Umgang mit den globalen Auswirkungen der COVID-19 Pandemie schwierig.

Gleichzeitig werden die Effekte des globalen Umweltwandels immer deutlicher und die Notwendigkeit eines schonenderen Umgangs mit Ressourcen gewinnt in der Gesellschaft an Bedeutung. Exemplarisch hierfür steht der Klimawandel und die Protestbewegung *Fridays for Future.* Weitere große Herausforderungen wie z. B. dem Verlust der Biodiversität entgegenzusteuern oder den Eintrag von Mikroplastik in den Ozeanen zu reduzieren, verdeutlichen die Dringlichkeit zum Handeln.

Was genau steht in der Agenda 2030 und den SDGs, wie kann hierdurch eine nachhaltige Entwicklung weltweit vorangetrieben werden und welche Rolle kommt den Städten und Gemeinden bei der Umsetzung zu?

Definitionen von Nachhaltigkeit

Im ursprünglichen Sinn wird unter Nachhaltigkeit ein ressourcen-ökonomisches Prinzip verstanden, durch das eine Ressource dauerhaft ertragsbringend genutzt werden kann (Pufé 2017). Ausgehend von der Forstwirtschaft hat sich der Begriff zunehmend auch für komplexere Fragestellungen als Leitvorstellung durchgesetzt, um angesichts endlicher natürlicher Ressourcen die Bedürfnisse jetziger sowie künftiger Generationen in gleichem Maße befriedigen zu können. Hierzu ist das Zusammenspiel der Dimensionen Ökologie, Ökonomie und Soziales notwendig. Das Nachhaltigkeitsdreieck, in dem diese Dimensionen gleichberechtigt miteinander verbunden sind, verdeutlicht die Notwendigkeit einer integrierten Sichtweise.

F. Koch und K. Krellenberg, *Nachhaltige Stadtentwicklung,* essentials,
https://doi.org/10.1007/978-3-658-33927-2_2

Auch die Agenda 2030 und die SDGs bauen auf diesem Ansatz auf. Eine Übersicht zu generellen Definitionen von Nachhaltigkeit, zum Entstehungskontext und zur Umsetzung von Nachhaltigkeit in Politik, Wirtschaft und Gesellschaft findet sich in Grunwald und Kopfmüller (2012) oder Pufé (2017).

2.1 Entstehungsgeschichte

Zunächst empfiehlt sich ein Blick auf die den SDGs vorangegangen sogenannten Millenium Development Goals (MDGs), auf die sich die Mitgliedsstaaten der Vereinten Nationen im Jahr 2000 einigten. Die MDGs gliederten sich in acht Unterziele und umfassten Themen wie die Bekämpfung von Hunger und Armut, die Senkung der Kindersterblichkeit und die Gleichstellung der Geschlechter (Hulme 2009).

Mit den MDGs sollten Anstrengungen unternommen werden, um bis zum Jahr 2015 die (absolute) Armut zu beenden. Im Fokus standen die Entwicklungsländer, die sogenannten Länder des Globalen Südens. Somit stellten die MDGs einen Orientierungsrahmen der globalen Entwicklungszusammenarbeit dar.

Für eine Überprüfung der Erfüllung der Ziele wurden verschiedene Zielvorgaben gemacht. So sollte beispielsweise zwischen 1990 und 2015 weltweit die Sterblichkeitsrate von Kindern unter fünf Jahren unter anderem durch Impfungen um zwei Drittel gesenkt werden. Als Indikator wurde dafür zum Beispiel der Anteil der Einjährigen, die gegen Masern geimpft wurden, herangezogen.

Die nachhaltige Entwicklung von Städten spielte bei den MDGs keine explizite Rolle. Durch Ziele wie beispielsweise die Beseitigung von Slums bestanden jedoch indirekte Bezüge zur Stadtentwicklung. Auch die Indikatoren wurden in der Regel nicht auf lokaler Ebene, sondern auf nationaler bzw. supranationaler Ebene gemessen.

Obwohl von allen UN-Mitgliedsstaaten unterzeichnet, entfalteten die MDGs keine unmittelbaren völkerrechtlichen Konsequenzen für staatliches Handeln. Durch zeitliche Vorgaben und Indikatoren zur Messung der Umsetzung bestand jedoch Handlungsdruck. Für einige der Ziele konnten bis zum Jahr 2015 auch durchaus Fortschritte verzeichnet werden: So sank die Zahl der Menschen, die in extremer Armut leben, von 1,9 Mrd. im Jahr 1990 auf 836 Mio. im Jahr 2015. Die Kindersterblichkeit nahm im selben Zeitraum von 90 auf 43 Tote pro 1000 Geburten ab (United Nations 2015a). Es gab jedoch auch Kritik an den MDGs: fehlende Daten zur Messung der Indikatoren, begrenzte Einbeziehung der Länder des Globalen Südens bei der Entwicklung der MDGs und keine Anpassung an spezifische nationale Begebenheiten (Attaran 2005; Fehling et al. 2013).

Angesichts der Erfahrungen mit den MDGs starteten die Vereinten Nationen im Jahr 2012 den sogenannten Post-2015-Prozess, in dem neue globale Entwicklungsziele diskutiert wurden. Während des Prozesses fanden Konsultationen mit der Zivilgesellschaft, dem Privatsektor und den Regierungen einer großen Zahl der UN Mitgliedstaaten statt. Auch die Wissenschaft wurde einbezogen (International Council for Science ICSU und International Social Science Council ISSC 2015). Partizipation spielte somit im Post-2015 Prozess eine wesentlich größere Rolle als bei der Erstellung der MDGs (Feeny 2020). Trotz eines konfliktbeladenen Prozesses, in dem unterschiedliche Stakeholder und Lobbygruppen um Einfluss kämpften, sowie harter Diskussionen um die Ziele (Kamau et al. 2018; Parnell 2016), gelang es der UN Vollversammlung im September 2015 sich mit der Agenda 2030 und den darin enthaltenen 17 SDGs auf ein komplexes umfassendes Zielsystem zu einigen: Innerhalb von 15 Jahren (2015–2030) sollen mit den SDGs umfassende Maßnahmen hin zu einer globalen nachhaltigen Entwicklung realisiert werden. Die Ambitionen der MDGs werden damit deutlich übertroffen. Im Kern geht es darum, die Welt zu transformieren, wie es der Untertitel der Agenda 2030 beschreibt: „Transforming our world". Im Vergleich zu den MDGs verfügen die SDGs über:

- *Umfangreichere Ziele:* Während der Fokus der MDGs auf klassischen entwicklungspolitischen Zielen lag, umfassen die SDGs neben der Armutsbekämpfung (SDG 1) weitere nachhaltigkeitsbezogene Ziele wie z. B. Maßnahmen zum Klimaschutz (SDG 13), die Gleichstellung der Geschlechter (SDG 5) oder bezahlbare und saubere Energie (SDG7).
- *Ein globales Transformationsverständnis:* Die MDGs legten Ziele für die Länder des Globalen Südens fest, die durch eine gemeinsame Kraftanstrengung von reichen und armen Ländern erreicht werden sollten. Den SDGs liegt hingegen ein globales Verständnis notwendiger Transformationen zugrunde. Für die Erreichung der Ziele sollen sich auch die reichen Industrieländer, die Länder des Globalen Nordens, nachhaltiger entwickeln. Das bedeutet, dass Transformationen in allen Ländern notwendig sind und alle Länder „Entwicklungsländer" hin zur Nachhaltigkeit sind.
- *Einen städtischen Bezug:* Die Zielebene der MDGs war die Länderebene, d. h. es wurde gemessen, inwieweit bestimmte Ziele wie z. B. die Kindersterblichkeit zu reduzieren in einem spezifischen Land erreicht wurde. Die SDGs hingegen sind nicht nur im Landesdurchschnitt zu erreichen, sondern auch auf regionaler und lokaler Ebene. Zudem gibt es mit SDG 11 (Nachhaltige Städte

und Gemeinden) ein SDG, das sich explizit auf die nachhaltige Entwicklung von Städten und Gemeinden bezieht, was die Bedeutung der Städte für die Erreichung globaler Nachhaltigkeitsziele untermauert.

- Das Thema der nachhaltigen Stadtentwicklung ist somit prominent in der Agenda 2030 vertreten und als Teil globaler politischer Nachhaltigkeitsprozesse anerkannt. Die Äußerung des früheren UN Generalsekretärs Ban Ki Moon „Our struggle for Global Sustainability will be won or lost in Cities“ (Unser Kampf für globale Nachhaltigkeit wird in den Städten gewonnen oder verloren werden) (United Nations 2012) verdeutlicht diese Verschiebung hin zu einem städtischen Fokus globaler Politik.

2.2 Ziele, Unterziele und Indikatoren

In diesem Kapitel werden wir näher auf die Inhalte und den strukturellen Aufbau der Agenda 2030 und die SDGs eingehen, um in Kap. 3 die Bedeutung für die nachhaltige Stadtentwicklung genauer zu beleuchten. Die 17 Ziele (Abb. 2.1) bilden unterschiedliche Themenfelder ab und bauen auf existierenden

Abb. 2.1 Die 17 SDGs (https://unric.org/de/17ziele/)

Nachhaltigkeitsdefinitionen wie dem Nachhaltigkeitsdreieck mit den Dimensionen Ökonomie, Ökologie und Soziales auf. Sie zielen darauf, die Lebensgrundlage jetziger und künftiger Generationen sicherzustellen.

Die einzelnen 17 SDGs sind nicht priorisiert, sondern stehen nebeneinander und sollen sich gegenseitig ergänzen. Diesen 17 eher generell gehaltenen Zielen wurden jeweils 8–12 Unterziele zur Konkretisierung zugeordnet, die über Indikatoren gemessen werden können. Hierdurch soll erreicht werden, dass die Umsetzung der SDGs evaluiert werden kann, indem transparent und nachvollziehbar dargestellt wird, welche Fortschritte hin zur Erreichung der Ziele gemacht wurden. Den 17 Zielen wurden insgesamt 169 Unterziele zugeordnet, die durch 231 Indikatoren gemessen werden sollen (United Nations 2015b).

▶ **SDG-Ziele, Unterziele und Indikatoren** Eine vollständige Übersicht zu den Zielen, Unterzielen und den entsprechenden Indikatoren der Vereinten Nationen finden Sie auf den Internetseiten der Statistikabteilung der Vereinten Nationen (UNSD 2021): https://unstats.un.org/sdgs/indicators/indicators-list/.

Ziel von SDG 11 ist es, Städte und Siedlungen inklusiv, sicher, widerstandsfähig und nachhaltig zu gestalten. Damit wurde ein integratives Verständnis von Stadtentwicklung mit verschiedenen, miteinander verwobenen Zielen in einem Dokument der globalen Politik verankert (Parnell 2016). SDG 11 kann daher in Verbindung mit den anderen SDGs, die einen städtischen Bezug aufweisen, als globaler Rahmen für nachhaltige Stadtentwicklung dienen, auf den sich alle UN Mitgliedsstaaten im Konsens geeinigt haben.

Auch SDG 11 sind verschiedene Unterziele zugeordnet. Hierzu zählen die urbane Mobilität, der öffentliche Raum, Flächennutzung, die Widerstandsfähigkeit von Städten gegenüber Katastrophen, sowie dezidiert eine partizipative, integrierte und nachhaltige Stadtplanung. Es finden sich folglich mehrere Dimensionen nachhaltiger Stadtentwicklung in diesem Ziel wieder (vgl. auch Kap. 3). Somit wird nicht nur eine ökologischere Form der Stadtentwicklung angestrebt, sondern soziale, kulturelle und wirtschaftliche Ziele werden gleichermaßen verfolgt.

Unterziele von SDG 11

Eine Übersicht zu den Daten für Deutschland findet sich auf der Seite des Statistischen Bundesamts (Statistisches Bundesamt 2021a).

- **Unterziel 11.1:** Bis 2030 den ***Zugang zu angemessenem, sicherem und bezahlbarem Wohnraum*** und zur Grundversorgung für alle sicherstellen und Slums sanieren

- **Indikator 11.1.1:** Anteil der städtischen Bevölkerung, der in Slums, informellen Siedlungen oder unzureichendem Wohnraum lebt
- **Unterziel 11.2:** Bis 2030 den ***Zugang zu sicheren, bezahlbaren, zugänglichen und nachhaltigen Verkehrssystemen*** für alle ermöglichen und die Sicherheit im Straßenverkehr verbessern, insbesondere durch den Ausbau des öffentlichen Verkehrs, mit besonderem Augenmerk auf den Bedürfnissen von Menschen in prekären Situationen, Frauen, Kindern, Menschen mit Behinderungen und älteren Menschen
- **Indikator 11.2.1:** Anteil der Bevölkerung mit angemessenem Zugang zu öffentlichen Verkehrsmitteln, nach Geschlecht, Alter und Menschen mit Behinderungen
- **Unterziel 11.3:** Bis 2030 die ***Verstädterung inklusiver und nachhaltiger gestalten*** und die Kapazitäten für eine partizipatorische, integrierte und nachhaltige Siedlungsplanung und -steuerung in allen Ländern verstärken
- **Indikator 11.3.1:** Verhältnis der Flächennutzungs- zur Bevölkerungswachstumsrate
- **Indikator 11.3.2:** Anteil der Städte mit einer regelmäßig und demokratisch arbeitenden direkten Beteiligungsstruktur der Zivilgesellschaft an der Stadtplanung und -verwaltung
- **Unterziel 11.4:** Die Anstrengungen zum ***Schutz und zur Wahrung des Weltkultur- und -naturerbes*** verstärken
- **Indikator: 11.4.1** Gesamtausgaben pro Kopf für die Erhaltung und den Schutz des gesamten Kultur- und Naturerbes, nach Finanzierungsquelle (öffentlich, privat), Art des Erbes (Kulturerbe, Naturerbe) und Verwaltungsebene (national, regional, lokal/kommunal)
- **Unterziel 11.5:** Bis 2030 die Zahl der ***durch Katastrophen, einschließlich Wasserkatastrophen, bedingten Todesfälle und der davon betroffenen Menschen deutlich reduzieren*** und die dadurch verursachten unmittelbaren wirtschaftlichen Verluste im Verhältnis zum globalen Bruttoinlandsprodukt wesentlich verringern, mit Schwerpunkt auf dem Schutz der Armen und von Menschen in prekären Situationen
- **Indikator 11.5.1:** Anzahl der Katastrophen zugeschriebenen Todesopfer, Vermissten und direkt Betroffenen je 100.000 Einwohner
- **Indikator 11.5.2:** Katastrophen zugeschriebene direkte wirtschaftliche Schäden im Verhältnis zum globalen Bruttoinlandsprodukt (BIP), Schäden an kritischen Infrastrukturen und Zahl der Unterbrechungen der Grundversorgung
- **Unterziel 11.6:** Bis 2030 ***die von den Städten ausgehende Umweltbelastung pro Kopf senken,*** unter anderem mit besonderer Aufmerksamkeit auf der Luftqualität und der kommunalen und sonstigen Abfallbehandlung
- **Indikator 11.6.1:** Anteil der in kontrollierten Einrichtungen gesammelten und behandelten festen Siedlungsabfälle an den gesamten Siedlungsabfällen, nach Städten
- **Indikator 11.6.2:** Bevölkerungsgewichtete Jahresmittelwerte der Feinstaubkonzentration (z. B. $PM_{2,5}$ und PM_{10}) in Städten
- **Unterziel 11.7:** Bis 2030 den ***allgemeinen Zugang zu sicheren, inklusiven und zugänglichen Grünflächen und öffentlichen Räumen*** gewährleisten, insbesondere für Frauen und Kinder, ältere Menschen und Menschen mit Behinderungen
- **Indikator 11.7.1:** Durchschnittlicher Anteil der bebauten Fläche in Städten, der für alle Personen nach Geschlecht, Alter und Menschen mit Behinderungen, als Freifläche öffentlich zugänglich ist
- **Indikator 11.7.2:** Anteil der Personen, die in den vorangegangenen 12 Monaten Opfer körperlicher oder sexueller Belästigung wurden, nach Geschlecht, Alter, Behinderungsstatus und Tatort

- **Unterziel 11.a:** Durch eine verstärkte nationale und regionale Entwicklungsplanung positive ***wirtschaftliche, soziale und ökologische Verbindungen zwischen städtischen, stadtnahen und ländlichen Gebieten*** unterstützen
- **Indikator: 11.a.1:** Anzahl der Staaten, die über eine nationale Städtepolitik oder regionale Entwicklungsplanung verfügen, welche a) auf die Bevölkerungsdynamik reagiert, b) eine ausgewogene Raumentwicklung gewährleistet und c) den lokalen Haushaltsspielraum vergrößert
- **Unterziel 11.b:** Bis 2020 die Zahl der Städte und Siedlungen, die integrierte Politiken und Pläne zur Förderung der Inklusion, der Ressourceneffizienz, der Abschwächung des Klimawandels, der Klimaanpassung und der Widerstandsfähigkeit gegenüber Katastrophen beschließen und umsetzen, wesentlich erhöhen und gemäß dem Sendai-Rahmen für Katastrophenvorsorge 2015–2030 ein ***ganzheitliches Katastrophenrisikomanagement*** auf allen Ebenen entwickeln und umsetzen
- **Indikator 11.b.1:** Anzahl der Staaten, die nationale Strategien zur Katastrophenvorsorge im Einklang mit dem Sendai-Rahmenwerk für Katastrophenvorsorge 2015–2030 beschließen und umsetzen
- **Indikator 11.b.2:** Anteil der Gemeinden, die lokale Strategien zur Katastrophenvorsorge im Einklang mit nationalen Strategien zur Katastrophenvorsorge beschließen und umsetzen

Zu beachten ist, dass das Konzept der Agenda 2030 mit den SDGs insbesondere die Verknüpfung von Sektoren hervorhebt und systemische Zusammenhänge zwischen den verschiedenen SDGs betont (Beisheim 2018). Für die Umsetzung von SDG 4 „Hochwertige Bildung“ oder SDG 6 „Sauberes Wasser und sanitäre Einrichtungen“ sind beispielsweise städtische Maßnahmen von besonderer Bedeutung, da sich in den Städten die Bevölkerung konzentriert (Koch et al. 2019). Auch zwischen SDG 7 „Erneuerbare Energie“ und SDG 11 gibt es enge Verbindungen (International Council for Science ICSU 2017). So ist angesichts steigender Urbanisierungsquoten und zunehmender städtischer Energieverbräuche die Frage zentral, wie in den Städten eine nachhaltigere Form der Energieversorgung erreicht werden kann. UN HABITAT, das Programm der Vereinten Nationen für menschliche Siedlungen, geht davon aus, dass ein Drittel aller Indikatoren für die SDGs sich auch auf urbaner Ebene messen lassen (UN Habitat 2018).

Ebenfalls zu beachten ist, dass die SDGs zwar einen universellen Anspruch haben, die einzelnen Ziele jedoch in Ländern des Globalen Nordens und Südens unterschiedliche Bedeutung haben. So ist in Bezug auf SDG 1 „Keine Armut“ in Ländern des Globalen Nordens das Thema der relativen Armut anzusprechen, während im Globalen Süden auch die absolute Armut verringert werden soll (Koch et al. 2019). Auch von Stadt zu Stadt kann sich der Bezug und die Ausrichtung der jeweiligen SDGs ändern, da Städte spezifische Charakteristika und Herausforderungen bezüglich einer nachhaltigen Stadtentwicklung aufweisen. Insofern ist es notwendig, die universell gültigen Ziele jeweils kontextspezifisch zu prüfen und gegebenenfalls anzupassen (Krellenberg et al. 2019; Koch et al. 2019).

2.3 Umsetzungsinstrumente der Agenda 2030

Die Agenda 2030 hat keine unmittelbare Rechtswirksamkeit. Somit sind auch die SDGs rechtlich nicht bindend. Insofern besteht die offensichtliche Gefahr, dass die SDGs als unverbindliche Absichtserklärung („Schönwetterstrategie“) nicht die notwendige Wirkung erzielen, die für das Erreichen der ambitionierten Nachhaltigkeitsziele notwendig wäre. Angesichts dieser Situation haben die Vereinten Nationen einige Instrumente und Verfahren etabliert, die die Umsetzung der Ziele unterstützen sollen. Der dafür gewählte Ansatz wird von Biermann et al. (2017) als *Governance through goals* (Steuerung durch Ziele) bezeichnet, der vornehmlich auf Freiwilligkeit setzt. Zentral ist in diesem Zusammenhang das neu gegründete High-Level Political Forum (HLPF). Die einzelnen Länder und andere Akteure können das HLPF auf freiwilliger Basis nutzen, um ihre Fortschritte bei der Umsetzung der SDGs in Voluntary National Reviews (VNR) vorzustellen.

High-Level Political Forum

Das High-Level Political Forum on Sustainable Development (HLPF) ist das entscheidende Gremium der Vereinten Nationen zur Abstimmung der globalen Nachhaltigkeitspolitik und somit auch zur Überprüfung der Agenda 2030. Das HLPF hat verschiedene Aufgaben (vgl. Beisheim 2018): Auf dem HLPF werden die sogenannten Voluntary National Reviews (VNR) vorgestellt, die freiwilligen nationalen Berichte, in denen die Mitgliedsstaaten die Umsetzung der SDGs in ihren jeweiligen Ländern vorstellen. Auch werden auf dem jährlich stattfindenden HLPF thematische Reviews durchgeführt, in denen die globale Umsetzung einzelner SDGs überprüft sowie der SDG Progress Report des UN-Generalsekretärs (United Nations 2020) vorgestellt wird. Im Jahr 2018 wurde auf dem HLPF beispielsweise ein Bericht zur Umsetzung von SDG 11 veröffentlicht (UN Habitat 2018).

Das HLPF soll ebenfalls eine Plattform für nicht-staatliche Akteure, wie z. B. auch Vertreter von Städten und Städtenetzwerken sein. Alle vier Jahre wird darüber hinaus der Global Sustainable Development Report von einem hierzu ernannten Team internationaler Forscher*innen auf dem HLPF vorgestellt (Independent Group of Scientists appointed by the Secretary-General 2019). Allerdings zeigt sich, dass bislang nicht alle Erwartungen an das HLPF erfüllt werden konnten, was unter anderem an den geringen zur Verfügung stehenden Ressourcen liegt (Beisheim & Stiftung Wissenschaft und Politik 2019). In Deutschland liegt die Federführung für das HLPF gemeinsam beim Bundesministerium für Umwelt, Naturschutz und nukleare Sicherheit (BMU) und beim Bundesministerium für wirtschaftliche Zusammenarbeit und Entwicklung (BMZ).

Die Umsetzung der SDGs wird also nicht als top-down Prozess, sondern als bottom-up Verfahren verstanden (Biermann et al. 2017). Da keine klaren Vorgaben und Sanktionen vorliegen, erlauben die SDGs den einzelnen Ländern viel Spielraum in der Ausgestaltung der eigenen nationalen Schwerpunktsetzung bei der Umsetzung der SDGs. Die SDGs erfordern nationale und auch lokale Interpretationen und Umsetzungen, wie in den folgenden Kapiteln erläutert wird. Aber auch in Bezug auf Maßnahmen zur Umsetzung der Ziele auf nationaler und lokaler Ebene enthält die Agenda 2030 nur wenige Aussagen. Somit bestehen in Bezug auf die nationalen Berichtswesen erhebliche Unterschiede zwischen den Mitgliedstaaten (Beisheim 2020).

Unklar ist, wer die Verantwortung *(accountability)* für die Umsetzung trägt und was passiert, wenn in einzelnen Ländern die entsprechend der SDGs selbst gesteckten Ziele nicht erreicht werden (Bowen et al. 2017). Vor dem Hintergrund, dass die 17 Ziele umfassend und komplex sind, scheint es nicht möglich, dass staatliche Akteure allein für die Umsetzung der Agenda 2030 zuständig sind. Vielmehr müssen verschiedene Akteure aus Wirtschaft und Zivilgesellschaft bei der Umsetzung der Ziele beteiligt werden. Wie genau dieser Einbezug nichtstaatlicher Akteure erfolgt, ist im Dokument der Agenda 2030 allerdings nur sehr vage formuliert. So finden sich beispielsweise keine Hinweise darauf, wie Daten zivilgesellschaftlicher Akteure oder von Unternehmen eingebracht und zu einem SDG-Monitoring beitragen können.

Zwar betont die Agenda 2030 die wichtige Rolle der lokalen Ebene bei der Umsetzung der SDGs, genaue Verfahren bzw. verpflichtende Zielkataloge für Städte existieren hingegen nicht. Für die Städte ergeben sich daher aus der Umsetzungsarchitektur der Agenda 2030 große Freiheiten, aber auch Herausforderungen (siehe Kap. 3).

2.4 Widersprüche und Kritik

Die Agenda 2030 hat einige der Probleme, die bei den MDGs auftraten, gelöst. Mit den SDGs wird ein universeller Anspruch verfolgt und die Spannbreite der Nachhaltigkeitsaspekte ist größer. Allerdings existiert auch Kritik an den SDGs. Zielkonflikte, nicht ausreichend große Ambitionen bei der Umsetzung sowie Zweifel an der Wirksamkeit der Ziele werden in diesem Zusammenhang genannt und im Folgenden näher erläutert.

Da die Agenda 2030 keine Priorisierung der 17 SDGs vorsieht, sind alle SDGs gleichbedeutend und stehen auf einer Ebene. Im Idealfall ergeben sich Synergieeffekte, wie in Abschn. 2.2 bereits am Beispiel von SDG 11 aufgezeigt wurde:

Maßnahmen, die ein SDG betreffen, können gleichzeitig zur Erfüllung eines anderen SDGs beitragen. Allerdings birgt dies auch die Gefahr, dass Zielkonflikte – sogenannte Trade-offs – zwischen den Zielen auftreten. Durch eine Intensivierung des Fischfangs mag es zwar gelingen, Hunger zu reduzieren (SDG 2), gleichzeitig können jedoch auch negative Auswirkungen auf das Leben unter Wasser (SDG 14) entstehen. Das in SDG 8 erwähnte Ziel des Wirtschaftswachstums kann aufgrund der damit in der Regel verbundenen höheren CO_2-Emissionen den Klimawandel verstärken und somit SDG 13 (Maßnahmen zum Klimaschutz) konträr entgegenstehen (Kopnina 2015). So ist festzuhalten, dass Interaktionen zwischen den einzelnen SDGs im positiven und negativen Sinn existieren, die bei der Umsetzung der Agenda 2030 zu beachten sind (Nilsson et al. 2016; Independent Group of Scienties appointed by the Secretary-General 2019).

Auch auf städtischer Ebene können unerwünschte Nebeneffekte zwischen einzelnen SDGs bzw. zwischen den Unterzielen der SDGs auftreten. Die Existenz von Zielkonflikten im Rahmen der Stadtentwicklung ist allerdings nicht SDG-spezifisch, sondern eine grundsätzliche Herausforderung von Stadtpolitik und -verwaltung (vgl. Kap. 3).

Zum Kritikpunkt der mangelnden Ambitionen lässt sich konstatieren, dass die mit den SDGs anvisierten Ziele zu wenig ambitioniert sind, um die globalen Nachhaltigkeitsprobleme insbesondere im ökologischen Bereich bis 2030 zu beheben (Hickel 2020). Angesichts der fortschreitenden Klimaerwärmung und der Notwendigkeit, das globale Wirtschaftssystem in den nächsten Jahrzehnten vollständig auf eine CO_2-freie Wirtschaft umzustellen, reicht der mit der Agenda 2030 und den SDGs verfolgte Anspruch nicht aus. In Bezug auf den Klimawandel existiert mit SDG 13 zwar ein eigenes SDG, in dem Klimaschutzmaßnahmen als Ziele genannt werden; im Vergleich zum Übereinkommen von Paris zum Klimawandel (Paris Agreement on Climate Change), einem 2015 beschlossenen Vertrag der Klimarahmenkonvention der Vereinten Nationen (UNFCCC), werden in SDG 13 jedoch keine konkreten Vorgaben z. B. zur Einsparung von CO2-Emissionen gemacht. Die SDGs verweisen auf die Zuständigkeit von UNFCCC, konkrete Klimaziele und -maßnahmen auf globaler Ebene zu verhandeln und enthalten daher keine messbaren Zielwerte zur Dekarbonisierung.

Auch die generelle Wirksamkeit der Agenda 2030 wird, als dritter Kritikpunkt, zum Teil infrage gestellt. Die Freiwilligkeit bei der Umsetzungsarchitektur der SDGs und die Tatsache, dass es keine Sanktionsmechanismen für die Länder gibt, die keine Berichte an das HLPF liefern bzw. keinen Fortschritt bei der Umsetzung der SDGs verzeichnen, wirft Fragen nach Verbindlichkeit und Schlagkraft auf.

Ein anderer Einwand in Bezug auf die fehlende Wirksamkeit der SDGs ist ihre starke Orientierung an Indikatoren und Monitoringsystemen. So lässt sich zwar messen *was* für Veränderungen notwendig sind, um gesteckte Ziele zu erreichen und welche der SDG-Indikatoren bislang nicht erfüllt sind; *wie* diese Veränderungen und die dafür in den Indikatoren beschriebenen Zielwerte erreicht werden, liegt jedoch in der individuellen Verantwortung der Länder bzw. Kommunen (Kaika 2017). In diesem Kontext ergeben sich insbesondere Herausforderungen für die Kommunen (vgl. auch Abschn. 3.2 und 3.3).

Für die SDGs kann daher, ähnlich wie bei der Umsetzung des Übereinkommens von Paris zum Klimawandel, von zwei Diskrepanzen in Bezug auf die Ambitionen und die Implementierung gesprochen werden. Die Diskrepanzen liegen einerseits in den zu wenig ambitionierten Zielsetzungen der SDGs insbesondere bei den Einsparungen von CO_2-Emissionen *(Ambition Gap)* und andererseits in der bislang nur schleppend stattfindenden Umsetzung der ohnehin schon wenig anspruchsvollen Ziele *(Implementation Gap)*.

Die Kritikpunkte an den SDGs zeigen, dass die Agenda 2030 kein Allheilmittel dafür ist, die Welt zu mehr Nachhaltigkeit zu transformieren. Vor dem Hintergrund schwacher Wirksamkeit internationaler Vertragsabkommen spielt daher die Frage, wie und mit welchen Mitteln die SDGs auf Ebene der Städte interpretiert und umgesetzt werden, eine wichtige Rolle (mehr dazu in Kap. 3).

2.5 Stand der Umsetzung

Mehr als fünf Jahre nach der Verabschiedung der Agenda 2030 und der SDGs eröffnen verschiedene Dokumente einen Blick auf den Stand der Umsetzung und den erkennbaren Fortschritten in Bezug auf eine nachhaltige Entwicklung.

Auf globaler Ebene wird die Umsetzung der Agenda 2030 und der SDGs offiziell durch den *Fortschrittsbericht (Progress Report)* des Generalsekretärs der Vereinten Nationen analysiert (United Nations 2020). Im jüngsten SDG Progress Report wird konstatiert, dass in einigen Bereichen Fortschritte erzielt wurden. Genannt wird beispielsweise der zwischen 2015 und 2020 weltweit gestiegene Zugang zu Elektrizität oder der höhere Anteil von Frauen in Regierungen. Fortschritte sind auch in der Bekämpfung von Armut und dem Zugang zu Trinkwasser erkennbar. Der Bericht nimmt zudem auf die COVID-19 Pandemie Bezug und erläutert, dass diese Einfluss auf alle SDGs hat und die Erreichung der Ziele erschweren kann.

Global gesehen zeichnet der Progress Report ein eher düsteres Bild zum Umsetzungsstand der Agenda 2030 auf: Nur wenige Maßnahmen in Bezug auf den Klimawandel wurden angegangen; die Versauerung der Ozeane schreitet voran, ebenso wie der Verlust der Biodiversität. Auch für das SDG 11 sind viele Entwicklungen negativ. Der Anteil der in Slums lebenden Personen ist nach Jahrzehnten des Rückgangs erstmalig wieder auf 24 % angestiegen; nur die Hälfte der weltweiten urbanen Bevölkerung hat angemessenen Zugang zu öffentlichem Personennahverkehr. Die Luftqualität hat sich hingegen im Jahr 2020 in vielen Städten verbessert (United Nations 2020). Dies könnte allerdings ein temporärer Effekt sein, der auf dem Rückgang der wirtschaftlichen Produktion in Zeiten von COVID-19 beruht. Zusammenfassend kann von einer Diskrepanz zwischen Rhetorik und Handeln gesprochen werden. Die UN Mitgliedstaaten heben zwar grundsätzlich die Bedeutung der SDGs hervor, konkrete Veränderungen sind jedoch bisher nur in geringem Maße zu erkennen (UCLG 2019, S. 79).

Der *globale Entwicklungsbericht (Global Sustainable Development Report)*, der 2019 von einem durch den Generalsekretär der Vereinten Nationen berufenen Team von Wissenschaftlerinnen und Wissenschaftlern erstellt wurde, sieht die Umsetzung der SDGs ebenfalls auf keinem guten Weg (Independent Group of Scientists appointed by the Secretary-General 2019). Insbesondere die steigende globale Ungleichheit, der Klimawandel, der Verlust der Biodiversität und das zunehmende Abfallaufkommen werden kritisch gesehen. In diesen Themenfeldern ist ein Trend hin zu einer Verschlechterung der Situation festzustellen. Allerdings sieht der Global Sustainable Development Report auch optimistisch stimmende Entwicklungen. Sechs sogenannte Einstiegspunkte werden beschrieben, in denen eine Transformation zu Nachhaltigkeit besonders vielversprechend ist, da hier Veränderungen schnell und mit großer Wirkung durchgeführt werden können. Als einer dieser Einstiegspunkte wird die urbane und peri-urbane Entwicklung gesehen, da aufgrund des hohen Anteils der Stadtbevölkerung an der Weltbevölkerung urbane Maßnahmen zu mehr Nachhaltigkeit positive Effekte im globalen Maßstab haben und durch und mit den Stadtbewohner*innen ein besonderes Potenzial zur Umsetzung von Prozessen und Maßnahmen gegeben ist.

Informationen zum Stand der Umsetzung auf nationaler Ebene bieten die bereits erwähnten freiwilligen Berichte (VNRs) für das HLPF. Vergleicht man die Berichte wird deutlich, wie unterschiedlich die Umsetzung in den einzelnen Ländern angegangen wird und wie verschieden die Prioritäten in Bezug auf die SDGs sind. Deutschland hat im Jahr 2016 einen ersten VNR verfasst und wird im Jahr 2021 einen weiteren veröffentlichen. Parallel dazu wurde mit der 2016 erschienenen und 2018 überarbeiteten Deutschen Nachhaltigkeitsstrategie ein Dokument erstellt, in dem die Umsetzung der SDGs in Deutschland dargestellt wird (Bundesregierung 2018). Die Nachhaltigkeitsstrategie, für die eine erneute Weiterentwicklung im März 2021 erschienen ist (Bundesregierung 2021), adressiert drei unterschiedliche Maßnahmentypen:

- Maßnahmen mit Wirkung *in* Deutschland (d. h. innerhalb der Grenzen Deutschlands)
- Maßnahmen *durch* Deutschland (d. h. Effekte, die durch Entwicklungen innerhalb Deutschlands außerhalb Deutschlands auftreten)
- Maßnahmen *mit* Deutschland (d. h. Maßnahmen, die von Deutschland z. B. im Rahmen der Entwicklungszusammenarbeit außerhalb Deutschlands gefördert werden).

▶ **Linksammlung zum Stand der Umsetzung der SDGs**

- Liste mit den bislang veröffentlichten Voluntary National Reports: https://sustainabledevelopment.un.org/vnrs/
- Deutsche Nachhaltigkeitsstrategie (Weiterentwicklung 2021) https://www.bundesregierung.de/breg-de/aktuelles/nachhaltigkeitsstrategie-2021-1873560
- Report des UN Generalsekretärs zum Fortschritt in der Umsetzung der SDGs: https://unstats.un.org/sdgs/report/2020/The-Sustainable-Development-Goals-Report-2020.pdf
- Global Sustainable Development Report von Wissenschaftlerinnen und Wissenschaftlern https://sustainabledevelopment.un.org/content/documents/24797GSDR_report_2019.pdf

Zusammenfassend lässt sich festhalten, dass sich viele mit der Agenda 2030 verknüpfte Erwartungen sowohl auf nationaler als auch auf internationaler Ebene bislang nicht oder nur in geringem Maße erfüllt haben. Dem übergeordneten Anspruch der Agenda, unsere Welt zu transformieren, werden die bisherigen Entwicklungen nicht gerecht. Die Umsetzungsarchitektur, die auf rechtlich nicht verbindliche multilaterale Verträge und freiwillige nationale Berichterstattung setzt, ist nicht ausreichend.

In Bezug auf die Umsetzung der Agenda 2030 werden große Erwartungen an die Städte formuliert. Es wird davon ausgegangen, dass Transformationen zu mehr Nachhaltigkeit in den Städten einfacher und schneller zu realisieren sind als auf nationaler oder globaler Ebene (Independent Group of Scientists appointed by the Secretary-General 2019) und Städte somit entscheidend für die Erreichung der globalen Nachhaltigkeitsziele sind (vgl. hierzu auch Angelo und Wachsmuth 2020). Das folgende Kapitel geht daher auf verschiedene urbane Herausforderungen bei der Umsetzung der SDGs und die Entwicklung der nachhaltigen Stadtentwicklung im Speziellen ein.

cc
BY

3 Nachhaltige Stadtentwicklung und die Agenda 2030

In Kap. 2 wurden die Grundsätze der Agenda 2030 und die Rolle der Städte bei deren Umsetzung aufgezeigt. In diesem Kapitel wird nun speziell auf die nachhaltige Stadtentwicklung und den Stand der Umsetzung der SDGs auf städtischer Ebene eingegangen.

Stadtentwicklung umfasst die Steuerung der Gesamtentwicklung von Städten und Gemeinden und erfordert eine integrierte und zukunftsgerichtete Herangehensweise, die durch die Stadtplanung verfolgt und umgesetzt wird. Die Leitlinien der Stadtentwicklung und Stadtplanung verändern sich über die Zeit, da sie sich an aktuellen Herausforderungen orientieren. Das Prinzip einer nachhaltigen Stadtentwicklung ist seit Anfang der 1990er Jahre eine wesentliche Leitlinie globaler Politik: Mit der Verabschiedung der Rio-Deklaration und der Agenda 21 im Jahr 1992 wurde als Reaktion auf den Bericht „Die Grenzen des Wachstums" des Club of Rome (Meadows 1972) das normative, internationale Leitprinzip einer nachhaltigen Entwicklung in den Mitgliedstaaten der Vereinten Nationen verankert. Zeitgleich und untersetzt durch das kommunale Handlungsprogramm der Lokalen Agenda 21, das auf dem UN-Umweltgipfel von Rio de Janeiro verabschiedet wurde, erfolgte auch eine Neuausrichtung am Leitbild der „Nachhaltigen Stadtentwicklung". Die Charta von Aalborg aus dem Jahr 1994 schreibt daran anknüpfend weitere Leitlinien fest. Im Kontext der Lokalen Agenda 21 wurden vor allem Umweltthemen, also die ökologische Dimension der Nachhaltigkeit, adressiert. In vielen deutschen Städten und Kommunen wurden in Folge dessen in den 1990er Jahren Projekte in den Themenfeldern Klimaschutz, Naturschutz, Energie- und Wassersparen umgesetzt (Born und Kreuzer 2002). Ziel war es zudem, bei der Umsetzung der lokalen Handlungspläne die Zivilgesellschaft möglichst intensiv zu beteiligen.

F. Koch und K. Krellenberg, *Nachhaltige Stadtentwicklung*, essentials,
https://doi.org/10.1007/978-3-658-33927-2_3

Wie aus einer zusammenfassenden Analyse hervorgeht, wurden bei der Umsetzung der Lokalen Agenda 21 in verschiedenen deutschen/europäischen Städten sowohl Erfolge als auch Umsetzungsschwierigkeiten verzeichnet (Schnepf und Groeben 2019). Eine entscheidende Rolle spielen dabei die kommunale Ausgangslage in Bezug auf die finanziellen Rahmenbedingungen, die Kommunengröße, die vorhandene Infrastruktur und der Grad der Verstädterung bzw. das Zusammenspiel urbaner und ländlicher Räume. Für die Umsetzung der Lokalen Agenda 21 wurden eine starke politische Vernetzung mit anderen Städten (insbesondere international), das Engagement von Verwaltungen und der Zivilgesellschaft, progressive Parteien und Medien zur Prozessverbreitung sowie langfristige Planungen mit kontinuierlichen Monitoringprozessen als besonders förderlich gesehen. Hinderliche Faktoren waren insbesondere nicht überwindbare kommunale Budgetrestriktionen. Als weiteres Manko wurde der starke Fokus auf Umweltthemen und die geringe Bedeutung der anderen Nachhaltigkeitsdimensionen Soziales und Ökonomie sowie die weitgehend fehlende Beschäftigung mit Indikatoren identifiziert (Rösler 2003). Folglich waren die spezifischen kommunalen Start- und Prozessbedingungen maßgeblich für den Erfolg bzw. Misserfolg der Umsetzung Lokaler Agenda 21 Prozesse (Schnepf und Groeben 2019).

Im Jahr 2007 verabschiedeten die europäischen Minister*innen für Stadtentwicklung und Raumordnung die Leipzig Charta als Leitdokument zur nachhaltigen europäischen Stadt. Damit wurde das Ziel einer integrierten, gesamtstädtischen Stadtentwicklung verfolgt, um „die soziale Balance innerhalb und zwischen den Städten aufrechtzuerhalten, ihre kulturelle Vielfalt zu ermöglichen und eine hohe gestalterische, bauliche und Umweltqualität zu schaffen" (BMVBS 2007: Vorwort). Somit formulierte die Leipzig Charta die Idee der Europäischen Stadt neu: alle Ansprüche an die Stadtentwicklung sollen gerecht untereinander abgewogen und den Zielen der Nachhaltigkeit folgend, bürgerorientiert und fachübergreifend konzipiert sein. Mit dem in der Leipzig Charta postulierten Ansatz einer integrierten und nachhaltigen Stadtentwicklung soll die sektorale Herangehensweise von Fach-Verwaltungsressorts aufgelöst und die Stadt als Gesamtsystem in den Blick genommen werden.

Im November 2020 erfolgte die Verabschiedung der Neuen Leipzig Charta. Neu gegenüber der ursprünglichen Leipzig Charta ist die starke Ausrichtung der zukünftigen Stadtentwicklung am Gemeinwohl. Dadurch und durch die gemeinsame Arbeit aller Stadtakteure soll die Transformation zu mehr Nachhaltigkeit von Städten und Gemeinden gelingen. Hier besteht ein starker Bezug zur Agenda 2030 „Transforming our world", in dem die transformative Kraft der Städte betont wird.

Im Fokus der Neuen Leipzig Charta stehen drei Handlungsdimensionen im Quartier, in der Gesamtstadt und in der Stadtregion: die gerechte Stadt, die grüne Stadt und die produktive Stadt. Diese sollen durch fünf Schlüsselprinzipien erreicht werden:

1. Gemeinwohlorientierung
2. integrierter Ansatz
3. Beteiligung und Koproduktion
4. Mehrebenenkooperation
5. ortsbezogener Ansatz

Neu in der Neuen Leipzig Charta ist auch die Digitalisierung als Querschnittsthema. Es werden explizit Smart City-Ansätze und digitale Daten zur Unterstützung einer integrativen und inklusiven nachhaltigen Stadtentwicklung genannt, die wiederum stark am Gemeinwohl ausgerichtet sein müssen. Wie das Handlungsprogramm der Lokalen Agenda 21 stellt auch die Neue Leipzig Charta ein Rahmenprogramm für die lokale Umsetzung in den EU-Mitgliedstaaten und in den Kommunen dar (Deutsche Präsidentschaft im Rat der EU 2020a). Da die Verfolgung der Leipzig Charta in den einzelnen Mitgliedstaaten sehr unterschiedlich verlief und oft an der realen Umsetzung scheiterte, wurde zur Neuen Leipzig Charta ein Leitfaden zur Implementierung erarbeitet (Deutsche Präsidentschaft im Rat der EU 2020b).

Integrierte Stadtentwicklung

Unter dem Begriff der Integrierten Stadtentwicklung wird ein Stadtplanungsansatz verstanden, der unterschiedliche sektorale Handlungsfelder einbezieht. Dies bedeutet, dass bei der räumlichen Planung beispielsweise die Bereiche Soziales, Wirtschaft, Arbeit und Bildung in gleichem Maße beachtet werden sowie Synergien zwischen den Bereichen möglich sind und aufgezeigt werden. In sogenannten INSEKs (Integrierten Stadtentwicklungskonzepten) werden die Grundzüge der geplanten städtebaulich-räumlichen Entwicklung in einer Stadt langfristig (in der Regel 10–15 Jahre) beschrieben und gleichzeitig mit den anderen sektoralen Handlungsfeldern rückgekoppelt. Für die Umsetzung Integrierter Stadtentwicklung ist die Zusammenarbeit zwischen den Ressorts und auch der Einbezug von Akteuren außerhalb von Politik und Verwaltung notwendig (vgl. BBSR 2009).

Auch SDG 11 gibt eine integrierte Stadtentwicklung als Ziel an. Mit Unterziel 11.3 wird eine verstärkte integrierte Siedlungsplanung und -steuerung in allen Ländern gefordert. Dies ist allerdings in Ländern, in denen die kommunale Planungshoheit weniger stark als in Deutschland ausgeprägt ist, personelle und finanzielle Ressourcen fehlen oder informelle (Raum-)Entwicklungen eine große Rolle spielen, schwierig umsetzbar (Watson 2016).

Nachhaltige Stadtentwicklung

Unter dem Begriff Nachhaltige Stadtentwicklung können verschiedene Themen und Projekte gefasst werden. Einen umfassenden Einblick hierzu bietet der Bericht des Wissenschaftlichen Beirats der Bundesregierung WBGU (WBGU 2016). Hier werden Konzepte, Fallstädte und zukünftige Themenfelder einer nachhaltigen Stadtentwicklung aufgezeigt. Der WBGU (WBGU 2016, S. 164 ff.) sieht aus einer weltweiten Perspektive folgende Handlungsfelder nachhaltiger Stadtentwicklung als besonders wichtig an:

a) die Frage der Dekarbonisierung (Zurückführung der direkten CO_2-Emissionen von Städten auf Null), u. a. durch eine Senkung des Energiebedarfs von Gebäuden
b) die Förderung umweltfreundlicherer Mobilität, z. B. durch die Schaffung eigener Räume für nicht-motorisierten Verkehr sowie Steuern und Gebühren zur Eindämmung von Verkehr mit hohen Emissionen
c) das Leitbild einer baulich-räumlich kompakten und sozial durchmischten Stadt
d) die Anpassung an den Klimawandel, z. B. durch die Schaffung von Wohnraum in geschützten Lagen für vom Klimawandel besonders verwundbare Bewohner*innen oder geänderte Bauvorschriften, die zu hochwassersicheren Strukturen führen
e) die Armutsbekämpfung und die Reduktion sozio-ökonomischer Disparitäten, z. B. durch einen universellen Zugang zu Wasser- und Sanitärversorgung oder zur Gesundheitsversorgung.

Diese Handlungsfelder finden sich auch in den SDGs wieder (z. B. SDG 1 „Keine Armut“, SDG 6 „Sauberes Wasser und sanitäre Einrichtungen“, SDG 11 „Nachhaltige Städte und Gemeinden“ sowie SDG 13 „Maßnahmen zum Klimaschutz“).

Weitere Dokumente auf internationaler Ebene wie z. B. die New Urban Agenda (United Nations 2016) oder der Bericht der UN zum Stand der Städte (UN Habitat 2020) betonen die Bedeutung nachhaltiger Stadtentwicklung und ergänzen die Agenda 2030. Insbesondere mit der 2016 in Quito im Rahmen der Habitat III Konferenz der Vereinten Nationen verabschiedeten New Urban Agenda sollte den Städten ein Werkzeugkasten zur Umsetzung der SDGs an die Hand gegeben werden.

Die New Urban Agenda bezieht sich auf die Agenda 2030, aber auch auf das Übereinkommen von Paris zum Klimawandel und verfolgt das Leitbild der lebenswerten, wirtschaftlich starken, umweltgerechten, widerstandsfähigen und sozial inklusiven Stadt. Im Vergleich zu den SDGs enthält die New Urban Agenda spezifischere stadtplanerische Vorstellungen zu nachhaltiger Stadtentwicklung, allerdings werden Indikatoren in der New Urban Agenda nicht erwähnt. Auch finden sich keine Hinweise wie das Monitoring der New Urban Agenda stattfinden sollte. Inhaltlich betont die New Urban Agenda die große Bedeutung institutioneller Governance-Formen, einer inklusiven Urbanisierung und von Resilienz (Widerstandsfähigkeit). An der New Urban Agenda wird insbesondere die fehlende Umsetzungsperspektive sowie die Unverbindlichkeit der erwähnten stadtplanerischen Leitbilder kritisiert (Garschagen et al. 2018). Die Möglichkeit, den Städten ein Instrumentarium zur Umsetzung der SDGs an die Hand zu geben, wurde insofern nur bedingt genutzt, auch wenn die New Urban Agenda inhaltlich durchaus interessante Leitbilder für die nachhaltige Stadtentwicklung enthält (BBSR 2017).

3.1 Die Lokalisierung der SDGs

Die Agenda 2030 baut auf den bisherigen Erfahrungen nachhaltiger Stadtentwicklung auf und stellt zahlreiche Bezüge zu weiteren stadtpolitischen Dokumenten her. Die Besonderheit der SDGs liegt darin, dass Städte und Gemeinden in die Diskussion um globale Nachhaltigkeit eingebettet sind und nicht unabhängig davon betrachtet werden. Als Lokalisierung der SDGs wird daher „der Prozess der Definition, Umsetzung und Überwachung von Strategien auf lokaler Ebene zur Erreichung globaler, nationaler und subnationaler Ziele und Vorgaben für eine nachhaltige Entwicklung" verstanden (UCLG 2019, S. 15). Im Folgenden wird dieser Prozess näher beleuchtet und anhand von Beispielen erläutert.

Die Lokalisierung ist nicht nur als top-down Prozess zu verstehen, in dessen Rahmen globale Vorgaben auf die städtische Ebene heruntergebrochen werden. Städte sollen in bottom-up Prozessen die Möglichkeit haben, ihre jeweiligen Erfahrungen und Fortschritte in die globale Diskussion um die SDGs einzubringen (Dellas et al. 2018). Hierfür wird Städten in der Umsetzungsarchitektur der Agenda 2030 z. B. im Rahmen des HLPF Platz gegeben (vgl. Abschn. 2.3). Im Vergleich zu traditionellen Formen der Außenpolitik und internationalen Beziehungen ist der Einbezug der Städte bemerkenswert. Städte werden als internationale bzw. transnationale Akteure sichtbar und können an Einfluss gewinnen (Koch 2020). Ein solcher Prozess wird durch die Agenda 2030 explizit gefördert.

Siragusa et al. (2020) betonen die Vorteile, die sich für Städte aus einer Orientierung an der Agenda 2030 und insbesondere bei der Erstellung freiwilliger lokaler SDG-Berichte ergeben (vgl. Hintergrundinformation zu Voluntary Local Reviews VLRs in Abschn. 3.3): Zum einen fördert der integrative Ansatz der SDGs den Austausch zwischen den einzelnen Ressorts einer Stadtverwaltung. Zum anderen verstärkt die Orientierung an den SDGs den Austausch mit weiteren verwaltungsexternen Akteuren z. B. im Bereich der Mobilität, der Bildung oder der Gesundheit. Somit kann es gelingen, durch die SDGs verschiedene, bislang nicht kooperierende Akteure an einen Tisch zu bringen und die oftmals vorherrschende, als „Silo-Denken" bezeichnete, sektorenbezogene Sichtweise zu verringern. Zu beachten ist allerdings, dass dies auch zu Zielkonflikten und Auseinandersetzungen um Zuständigkeiten, politische Maßnahmen, Budgets und Ressourcen führen kann.

Ein weiterer Vorteil ist die internationale Sichtbarkeit und die Möglichkeit des Erfahrungsaustausches zwischen Kommunen, die sich im Bereich der SDGs engagieren. Verschiedene Projekte wie z. B. die der Landesarbeitsgemeinschaft Agenda 21 NRW e. V. (LAG 21 NRW) zeigen, dass der Erfahrungsaustausch sowohl bei der Definition der Ziele als auch bei der Implementierung sinnvoll ist. In gemeinsamen Workshops, die von der LAG 21 NRW organisiert wurden, haben sich 15 Modellkommunen über geeignete Verwaltungsstrukturen zur Umsetzung der SDGs, über Methoden der Zielpriorisierungen und der Umsetzungs- und Beteiligungsprozesse ausgetauscht. Dies hat die Kommunen bei der Definition ihrer eigenen SDG-Nachhaltigkeitsstrategien unterstützt.

Aufgrund ihres Charakters als internationales Politikdokument ist die Agenda 2030 keine Blaupause für ein kommunales Handlungsprogramm für Nachhaltigkeit. Zu divers sind die 17 SDGs, als dass eine direkte Umsetzung in einer Stadt erfolgen kann. Daher ist es notwendig, jeweils stadtspezifisch zu prüfen, wie die SDGs auf die lokale Ebene übertragen werden können.

Dieser Schritt, der als Übersetzung der globalen Ziele auf die lokale Ebene bezeichnet werden kann, ist entscheidend dafür, dass die SDGs in den Städten nicht nur eine gut klingende, aber unverbindliche Schönwetterstrategie bleiben. Zum Beispiel kann das SDG 14 „Leben unter dem Wasser“ für Küstenstädte mit einer bedeutsamen Fischindustrie oder umfangreichen Küstenökosystemen eine ganz andere Bedeutung haben als für Städte, die nur über wenig Wasserfläche verfügen. Auch ist zwischen Städten im Globalen Norden und im Globalen Süden zu unterscheiden. Das SDG 1 „Keine Armut“ bedeutet in Städten, in denen ein großer Teil der Bevölkerung in absoluter Armut lebt, etwas anderes als in Städten, in denen vor allem relative Armut existiert. Während ein Mensch, der in absoluter Armut lebt, sich die Befriedigung seiner Grundbedürfnisse wie z. B. Nahrung nicht leisten kann, ist bei relativer Armut das Einkommensniveau einer Person im Vergleich zum jeweiligen Umfeld unterdurchschnittlich, ohne dass hierbei notwendigerweise eine Einschränkung der Grundbedürfnisse auftritt. Insofern herrscht Einigkeit darüber, dass die in der Agenda 2030 beschriebenen Ziele, Unterziele und Indikatoren an den jeweiligen Kontext angepasst werden müssen (Koch und Ahmad 2018).

In jüngster Zeit entwickelten verschiedene Organisationen Leitfäden bzw. Handreichungen zur Umsetzung der SDGs in Städten. Beispielhaft können die Initiativen des Joint Research Centers der Europäischen Kommission, des Councils of European Municipalities and Regions (CEMR), des Netzwerks Local

Governments for Sustainability (ICLEI), der Organisation für Wirtschaftliche Zusammenarbeit und Entwicklung (OECD) oder auch Modellprojekte, die in Deutschland auf länder- und nationaler Ebene realisiert wurden, genannt werden.

► **Linkliste zu Leitfäden für die Lokalisierung der SDGs**

- European Handbook for SDG Voluntary Local Reviews: https://ec.europa.eu/jrc/en/publication/eur-scientific-and-technical-research-reports/european-handbook-sdg-voluntary-local-reviews
- Reference Framework for Sustainable Cities des Council of European Municipalities and Regions: https://rfsc.eu/
- The Shimokawa Method for Voluntary Local Reviews: https://www.iges.or.jp/en/publication_documents/pub/training/en/10779/Shimokawa+Method+Final.pdf
- SDSN Guideline for American Cities: https://irp-cdn.multiscreensite.com/6f2c9f57/files/uploaded/190123-2019-us-cities-guide-INT.pdf
- Getting Started with the SDGs in Cities: https://irp-cdn.multiscreensite.com/be6d1d56/files/uploaded/9.1.8.-Cities-SDG-Guide.pdf

3.2 Implementierung der SDGs in Städten

Auch wenn erste Erfahrungen aus SDG-Pilotprojekten vorliegen, fehlt systematisches Wissen darüber, wie konkret die Städte in welcher Form die SDGs umsetzen (Lange et al. 2020). Von den Städten, die sich mit den SDGs beschäftigen, befinden sich viele in der Vorbereitungsphase (UCLG 2019, S. 87), es gibt aber auch bereits Umsetzungserfolge (vgl. Abschn. 3.4 und 3.5). Von einem flächendeckenden Engagement kann (noch) nicht gesprochen werden. In Afrika, Asien und Lateinamerika ist die Zahl der Städte, die bei der Erstellung der VNRs beteiligt wurden, zwar steigend, aber immer noch auf niedrigem bis mittlerem Niveau (UCLG 2019, S. 85). In Deutschland hat der Deutsche Städtetag eine sogenannte Musterresolution verfasst, mit der sich interessierte Städte zu den SDGs bekennen und deren Umsetzung vorantreiben. Bis März 2021 haben, nach Angabe der Servicestelle Kommunen in der Einen Welt (SKEW), 172 deutsche Kommunen die Musterresolution unterschrieben (SKEW 2021). In Bezug zu der Gesamtzahl von 11.014 Kommunen in Deutschland sind die SDGs also nur bedingt in der Praxis der Stadt- und Kommunalentwicklung angekommen.

Generell besteht die Umsetzung der SDGs auf lokaler Ebene aus folgenden, miteinander verbundenen Schritten (Siragusa et al. 2020):

1. Auftakt im Rahmen eines inklusiven und partizipativen Prozesses,
2. Erstellung der lokalen SDG-Agenda,
3. Planung der SDG-Implementierung und
4. Monitoring und Evaluierung der SDG Ziele.

Diese idealtypische Abfolge von Schritten wird in der Praxis oftmals nicht linear durchgeführt. Einige Schritte laufen parallel zueinander ab und Rückschritte bzw. Stillstand kann die SDG-Umsetzung ebenfalls charakterisieren. Insofern hat die Umsetzung der SDGs in den Städten oftmals experimentellen Charakter und folgt nicht zwingend einer klaren Abfolge von Schritten (Patel et al. 2017).

Auch für die Steuerung des Prozesses existiert kein allgemeingültiges Vorgehen. Während der ab den 1990er Jahren durchgeführten Lokalen Agenda 21-Prozessen gab es oftmals eigens eingerichtete Agenda-Büros, die als Ansprechpartner für Verwaltung und Bürger*innen fungierten. Dies war insbesondere vor dem Hintergrund der Beteiligung der Zivilgesellschaft von großer Bedeutung. Vergleichbare „SDGs-Büros" wurden nicht bzw. nur vereinzelt eingerichtet, dennoch werden Prozesse der Bürger*innenbeteiligung und partizipative Ansätze für die SDG-Umsetzung als wichtig erachtet und entsprechende Maßnahmen in den Städten umgesetzt (siehe Abschn. 3.4 und 3.5).

In vielen Untersuchungen und Leitfäden zur Umsetzung der SDGs wird die wichtige Rolle des Bürgermeisters/der Bürgermeisterin erwähnt (z. B. Siragusa et al. 2020). In einigen SDG-Prozessen befindet sich die koordinierende Stelle als Stabsstelle dem Bürgermeister/der Bürgermeisterin zugeordnet. Dies ermöglicht, die SDGs nicht als sektorale Aufgabe, sondern als Querschnittsaufgabe zu sehen. Man ist auf die Zusammenarbeit mit den verschiedenen Sektoren angewiesen, die Stabsstelle übernimmt dabei in der jeweiligen administrativen Struktur eine zentrale Rolle. Entsprechende politische Beschlüsse können der SDG-Implementierung dann das notwendige politische Gewicht geben. Allerdings existieren auch andere Steuerungsformen. In einigen Städten wurden interdisziplinär zusammengesetzte Arbeitsgruppen aus der Verwaltung etabliert, die z. B. durch das Umwelt- und Energieamt geleitet wurden (Krellenberg et al. 2019). In anderen Städten werden SDG-Aktivitäten von den für die internationale Zusammenarbeit oder für Beteiligung und Strategie verantwortlichen Verwaltungseinheiten koordiniert.

Es gibt somit zwar kein einheitliches Vorgehen in Bezug auf die SDGs in den Städten, einige Grundsätze lassen sich jedoch erkennen. Wichtig ist, dass die Umsetzung der SDGs als ein Prozess verstanden wird, der auf mehreren Verwaltungsebenen stattfindet. Kommunalpolitik und -verwaltung spielen eine wichtige Rolle, aber auch die regionale, nationale und internationale Ebene sind von Bedeutung. Viele der SDGs können auf kommunaler Ebene nicht umgesetzt werden, da den Städten schlicht die Handlungskompetenz fehlt. Zum Beispiel schlägt die UN für SDG 11 den Indikator 11.b.1 „Staaten mit implementierten Strategien zum Katastrophenschutz" vor. Hier haben Städte offensichtlich keine direkte Möglichkeit, aktiv zu werden. Darüber hinaus spielt der nationale Kontext eine Rolle für städtische Nachhaltigkeitspolitiken und städtische Handlungskapazitäten. Daher sprechen die Vereinten Nationen den sogenannten National Urban Policies (Nationale Stadtpolitiken) eine große Bedeutung zu. Diese sind Grundlinien der Stadtpolitik auf nationaler Ebene, die den Städten die Umsetzung einer nachhaltigen Stadtentwicklung erleichtern und somit letztlich auch zur Umsetzung der SDGs beitragen (Rudd et al. 2018). In Deutschland und auf der europäischen Ebene existieren mit der Initiative der Nationalen Stadtentwicklungspolitik (Nationale Stadtentwicklungspolitik 2021) und der Urban Agenda for the EU (European Commission 2021) entsprechende Dokumente.

Darüber hinaus sind weitere zivilgesellschaftliche Organisationen, die Wissenschaft, Fördermittelgeber oder private Initiativen und Unternehmen als notwendiger Teil der SDG-Umsetzung in den Städten zu verstehen. Betrachtet man die Ausrichtung der SDGs und die verschiedenen angesprochenen Themenfelder, lässt sich erkennen, dass die Zusammenarbeit notwendig ist, um die Ziele umzusetzen. Zum Beispiel kann SDG 4 „Hochwertige Bildung" nur in Zusammenarbeit mit Schulen und Bildungseinrichtungen erfolgen, und zur Umsetzung von SDG 9 „Innovation und Infrastruktur" sind die Unternehmen mit ins Boot zu holen. Auch bei SDG 11 und dem Unterziel 11.1 „Zugang zu angemessenen, sicheren und bezahlbaren Wohnraum" sind beispielsweise Wohnungswirtschaft und Bauindustrie einzubeziehen.

3.3 Monitoring und SDG-Indikatorensysteme

In den Diskussionen um die Agenda 2030 und die SDGs ist die Frage nach dem Monitoring und entsprechenden Indikatoren von entscheidender Bedeutung. Wie in Kap. 2 beschrieben, enthält die Agenda 2030 zwar ein Indikatorenset für die SDGs, allerdings ist es notwendig, die auf globaler Ebene entwickelten Indikatoren an den entsprechenden Kontext anzupassen.

Grundsätzlich übertragen Indikatoren ein qualitatives Ziel (wie z. B. keine Armut) in einen empirisch messbaren Indikator (Anteil der Menschen, die von weniger als 1,90 US$ am Tag leben müssen). Dadurch ist es möglich, eine Zielerreichung messbar zu machen, auch wenn hierfür komplexe Zusammenhänge vereinfacht werden müssen (Pfeffer und Georgiadou 2019). SDG-Indikatoren können die Erreichung des Ziels „Nachhaltige Entwicklung“ messen und auch Transparenz und Vergleichbarkeit in Bezug auf die Umsetzung herstellen. Sie können genutzt werden, um Maßnahmen zur Erreichung der Ziele zu ergreifen.

Für die Umsetzung der SDGs auf kommunaler Ebene sind im Zusammenhang mit Indikatoren und Monitoringsystemen folgende Punkte zu beachten, die im Weiteren näher erläutert werden: die Entwicklung stadtspezifischer Indikatoren, die Vergleichbarkeit von Indikatoren sowie die Datenverfügbarkeit und Messung von Indikatoren

- *Entwicklung stadtspezifischer Indikatoren:* Die Indikatoren der Agenda 2030 bieten eine Orientierung; die genaue Definition der stadtspezifischen Ziele und der damit verbundenen Indikatoren orientiert sich jedoch an den speziellen Herausforderungen und Nachhaltigkeitszielen jeder einzelnen Kommune. Das heißt, dass es keine Standardindikatoren gibt, die in jeder Stadt zur Anwendung kommen. In jedem Fall ist es wichtig, dass sich Städte zunächst mit den existierenden UN-Indikatoren auseinandersetzen und dann ein für die jeweilige städtische Situation angepasstes Indikatorenset definieren. Hierbei ist zudem zu berücksichtigen, dass auch ein Rückbezug auf die nationalen und ggfs. Bundesländer-spezifischen Nachhaltigkeitsindikatoren erfolgen sollte. Wie in verschiedenen Leitfäden zur Lokalisierung der SDGs erwähnt, ist der Einbezug der Bevölkerung sehr wichtig (Siragusa et al. 2020). Durch Beteiligungsprozesse, z. B. bei der Ausgestaltung der Nachhaltigkeitsziele, können verschiedene Perspektiven eingebunden und die Nachhaltigkeitsziele auf eine breitere Basis gestellt werden. Dies trägt generell zu einer höheren Akzeptanz bei der Umsetzung bei (Nanz und Fritsche 2012). Auch können konkrete Umsetzungsschritte in Abstimmung mit der Bevölkerung definiert und angegangen werden.
- *Vergleichbarkeit von Indikatoren:* Gleichzeitig existieren Ansätze, die einen komparativen Anspruch haben und Vergleiche zwischen verschiedenen Städten zur SDG-Umsetzung ziehen. In Deutschland sind hier die Aktivitäten der Bertelsmann-Stiftung in Kooperation mit dem Deutschen Städtetag, dem Deutschen Institut für Urbanistik und weiteren Institutionen zu nennen. Auf der Seite www.sdg-portal.de besteht die Möglichkeit, für alle Kommunen und Landkreise in Deutschland Daten abzurufen und eine Bewertung zu erhalten, wie sich die jeweilige Stadt in Bezug auf die einzelnen SDGs entwickelt. Die Indikatoren wurden dabei zunächst aus der Agenda 2030 übernommen und dann einem Problem- und Aufgabencheck unterworfen („Stellt der jeweilige Aspekt für deutsche Kommunen ein wesentliches Problem dar?“ und „Kann mithilfe kommunaler Aufgaben ein Beitrag zur Zielerreichung geleistet

werden?“). Daraufhin wurden entsprechende Indikatoren festgelegt. Ähnliche Initiativen finden sich auch auf europäischer Ebene bzw. im globalen Maßstab (z. B.: SDSN 2019 oder Eurocities 2019). Diese vergleichenden Indikatorensysteme haben zum Ziel, generelle Entwicklungen zu identifizieren und den Grad der Erfüllung der SDGs in den Städten vergleichend darzustellen. In der Regel bilden diese Indikatorensysteme nur ab, welche Werte bestimmte Nachhaltigkeitsindikatoren wie z. B. die Zahl der Arbeitslosen in einer Stadt, den Anteil des Stroms aus Windkraft je Einwohner*in oder den Anteil von Naturschutzflächen an der gesamten Stadtfläche ausmachen. Welche Maßnahmen zur Verbesserung der entsprechenden Werte ergriffen werden sollten und wer dafür verantwortlich ist, lässt sich aus den SDG-Portalen nicht herauslesen. Zudem bilden diese Indikatoren nicht die stadtspezifischen Herausforderungen und Ziele ab und beschränken sich auf Indikatoren, für die Daten aus offiziellen Statistiken vorliegen.

- *Datenverfügbarkeit und Messung von Indikatoren:* Entscheidend für den Erfolg von SDG-Monitoringsystemen auf der Basis von Indikatoren ist die Verfügbarkeit entsprechender Daten auf kommunaler Ebene. In Deutschland sind die kommunalen Statistikämter, aber auch die statistischen Landesämter und das statistische Bundesamt entscheidende Quellen. Vergleichende Indikatorensysteme, aber auch Initiativen einzelner Städte, nutzen im Wesentlichen diese öffentlich zugänglichen Daten. Allerdings findet sich auch verschiedentlich der Hinweis darauf, alternative Quellen wie Luftbilddaten oder *big data* Quellen, z. B. Sensordaten von Netzwerken, für die Quantifizierung der SDG-Indikatoren zu verwenden (Kharrazi et al. 2016; MacFeely 2019). Weitere Quellen können auch durch *Citizen Science* Initiativen von den Bürger*innen bereitgestellte und/oder erhobene Daten sein. Hier ergeben sich verschiedene Herausforderungen, die mit Datenrechten, Datenqualität und Datenschutzregelungen verbunden sind. Es ist davon auszugehen, dass die überwiegende Mehrheit der Städte das Potenzial alternativer Datenquellen für ein SDG-Monitoring noch nicht nutzt. Eine weitere Herausforderung ist die Messung von SDG 17, mit dem globale Entwicklungen und Partnerschaften in den Blick genommen werden. Wie in der deutschen Nachhaltigkeitsstrategie erwähnt, soll Nachhaltigkeit nicht nur als Ergebnis von Maßnahmen *in* Deutschland, sondern auch international *durch* und *mit* Deutschland gefördert werden (vgl. Abschn. 2.5). Daten, die das internationale Handeln von deutschen Städten abbilden und die entwicklungspolitische Dimension beachten, sind allerdings schwer zu erheben. Überlegungen, wie diese externen Effekte berücksichtigt und welche Indikatoren verwendet werden können, existieren bereits (z. B. Knipperts 2019), die Anwendung in der Praxis scheint bislang noch schwierig.

Grundsätzlich lässt sich festhalten, dass durch Indikatoren Transparenz in Bezug auf den Fortschritt der Städte bei der Erreichung der gesetzten Nachhaltigkeitsziele geschaffen werden kann. Eine weitere wichtige Aufgabe besteht darin, die Ergebnisse des Monitorings mit Maßnahmen zur Zielerreichung zu verknüpfen. In diesem Zusammenhang stellt sich die Frage was passiert, wenn das SDG-Monitoring erhebliche Defizite bei der Erfüllung der SDGs ausweist. Welche politischen Anstrengungen werden unternommen, um die Ziele zu erreichen? Es besteht für Kommunen die gleiche Gefahr, wie auf nationaler bzw. globaler Ebene: dass die SDGs als Strategie verstanden werden, deren Ziele zwar auf dem Papier gut klingen, es aber keine Konsequenzen hat, wenn diese Ziele nicht erreicht werden. In diesem Kontext wird der Begriff des *SDG-washing* verwendet. Dieser ist angelehnt an das *green-washing,* welches Strategien umschreibt, mit denen sich Akteure ein Image ökologischer Verantwortung zu verschaffen suchen, das nicht auf konkretem Handeln beruht. Eine Möglichkeit, mit diesem potenziellen Konflikt umzugehen sind die Voluntary Local Reviews, die ähnlich den in Kap. 2 beschriebenen Voluntary National Reviews funktionieren.

Voluntary Local Reviews (VLRs)

Einige Städte haben das Verfahren der Voluntary National Reviews (siehe Kap. 2, Abschn. 2.3) übernommen und erstellen Voluntary Local Reviews, in denen stadtspezifisch über die SDG-Umsetzung berichtet wird. Hierfür entwickelt in der Regel die jeweilige Stadtverwaltung auf der Basis der SDGs ein Indikatorensystem und prüft anhand kommunaler Daten die SDG-Umsetzung im Zeitverlauf. Ausgehend von den japanischen Städten Kitakyushu, Shimokava und Toyama sowie New York City, die 2018 die ersten VLRs vorstellten, haben bis Februar 2020 insgesamt 16 Städte weltweit VLRs veröffentlicht (Institute for Global Environmental Strategies 2020). Seitdem sind auch deutsche Städte wie z. B. die Stadt Bonn hinzugekommen. Eine Übersicht und Links zu den Voluntary Local Reviews von Städten wie New York City, Bristol, New Taipei, Mannheim, Helsinki oder Buenos Aires findet sich auf der Seite von Local 2030 (2021).

3.4 Internationale Beispiele zur Umsetzung der SDGs

Weltweit arbeiten viele Städte an der Umsetzung der SDGs (vgl. Abschn. 3.2). Die Vorgehensweise und die inhaltliche Ausrichtung unterscheiden sich aufgrund der in den vorherigen Kapiteln beschriebenen Herausforderungen dabei von Stadt zu Stadt. Im Folgenden werden mit Los Angeles und Espoo exemplarisch zwei internationale Umsetzungsbeispiele vorgestellt.

Los Angeles (USA)

In Los Angeles wurde ein vierstufiger Umsetzungsprozess realisiert, der maßgeblich durch das Bürgermeisteramt vorangetrieben wird (Mayor's Office of International Affairs, 2019): Zunächst wurde in Zusammenarbeit mit Universitäten analysiert, welche der aktuellen stadtpolitischen Maßnahmen bereits zur Umsetzung spezifischer SDGs beitragen. In einem zweiten Schritt konnten Lücken identifiziert werden, d. h. es wurde festgestellt, für welche der SDGs bislang noch keine geeigneten Maßnahmen existieren und inwieweit die Stadt über Instrumente und Kompetenzen verfügt, um in diesen Bereichen tätig zu werden (bzw. oder ob die regionale oder nationale Ebene hierfür zuständig ist). In einem dritten Schritt wurde evaluiert, welche weiteren stadtspezifischen Herausforderungen in Los Angeles vorherrschen, die in den SDGs noch nicht abgebildet sind. Ziel des vierten Schritts war die Mobilisierung von Initiativen aus der Zivilgesellschaft, von privaten Investitionen und die Etablierung von Partnerschaften zur Umsetzung SDG-bezogener Maßnahmen. Zusätzlich baute die Stadt ein Monitoringsystem auf, in dem datenbasiert die Umsetzung der SDGs in Los Angeles geprüft werden kann, sowie einen SDG Activity Index, der konkrete Projekte abbildet (Los Angeles Sustainable Development Goals 2021a, b). Bei den Projekten handelt es sich nicht nur um neu initiierte Projekte, sondern auch um bereits bestehende Aktivitäten, die den SDGs zugeordnet werden. Ein Beispiel für eine Maßnahme, die SDG 1 „Keine Armut", SDG 5 „Geschlechtergleichheit", SDG 10 „Weniger Ungleichheit" und SDG 11 „Nachhaltige Städte und Gemeinden" betrifft, ist das Downtown Women Center DWC, das im Jahr 1978 gegründet wurde. Ziel der Einrichtung ist es, obdachlosen Frauen eine Unterkunft zu geben, medizinische Hilfe anzubieten sowie dauerhaften Wohnraum zu vermitteln. Gleichzeitig bietet das DWC Maßnahmen zu mehr Selbstbestimmung (Empowerment) an, die den Frauen eine langfristige Perspektive und Zugang zum Arbeitsmarkt geben sollen. Eine Übersicht der SDG-Aktivitäten der Stadt Los Angeles findet sich im ersten Voluntary Local Report, den die Stadt auf dem HLPF 2019 präsentiert hat (Mayor's Office of International Affairs 2019).◄

Espoo (Finnland)

Die zur Metropolregion Helsinki gehörende Stadt Espoo ist mit knapp 300.000 Einwohner*innen die zweitgrößte finnische Stadt. Sie hat es sich zum Ziel gesetzt, die SDGs bereits im Jahr 2025 zu erreichen und somit eine Vorreiterrolle einzunehmen. In ihrem im Jahr 2020 veröffentlichten VLR hat die Stadt die SDGs mit Fokus auf die SDGs 4, 9 und 13 analysiert und anhand von Indikatoren den Umsetzungsstand gemessen (City of Espoo 2020). Der Schwerpunkt bei der Umsetzung der SDGs in Espoo liegt im Einbezug möglichst breiter Teile aus Wirtschaft und Zivilgesellschaft. Hierzu wurden verschiedene Workshops organisiert, die als SDG Capacity Building (Aufbau von Kapazitäten) funktionieren sollten. Ausgehend von der Idee, die Umsetzung der SDGs möglichst konkret zu gestalten, stehen detaillierte Maßnahmen im Vordergrund, die sich in der Regel mehreren SDGs gleichzeitig zuordnen lassen. Für den VLR wurden städtische Akteure gebeten, ihre Projekte vorzustellen und aufzuzeigen, wie diese jeweils in die gesamtstädtische Strategie eingebunden sind, welche Nachhaltigkeitsaspekte berücksichtigt werden, welche Erfahrungen gesammelt wurden und welche Zukunftsperspektiven das Projekt bietet. So entstand eine Sammlung von Beispielen guter Praxis, wie z. B. das LuxTurrim5G Projekt, in dem gezeigt wird, wie Smart City Ansätze zu einer nachhaltigen Entwicklung beitragen können. Das Projekt wurde von der Firma NOKIA geleitet, die in Espoo ihren Hauptsitz hat. Im Rahmen von LuxTurrim5G wurde zunächst eine smarte Straßenbeleuchtung als „Smart Pole“ installiert, die als 5G Basisstation fungierte und über eine Reihe von internetfähigen (IoT-) Sensoren zur Messung und Übermittlung von Umweltdaten sowie eine Aufladestation für E-Autos verfügt. Im weiteren Projektverlauf soll eine digitale Plattform kreiert werden, die aus mehreren miteinander verbundenen Smart Poles besteht. In Echtzeit werden darüber Daten gesammelt, die für neue Anwendungen z. B. im Bereich nachhaltiger Logistik oder im Mobilitätsbereich genutzt werden und zu einer nachhaltigeren Entwicklung beitragen können. Dabei sollen grundsätzlich offene Schnittstellen zwischen den Anwendungen verwendet werden, um somit auch neuen Unternehmen und Start-ups Zugang zu ermöglichen und neue Geschäftsideen zu fördern. Das Projekt betrifft mehrere SDGs (SDG 8, SDG9, SDG 11, SDG 13 sowie SDG 17) (City of Espoo 2020).◄

3.5 Deutsche Städte und die SDGs

Auch zahlreiche deutsche Städte haben sich in den letzten Jahren mit der Umsetzung der SDGs beschäftigt. Ausgehend von der im Jahr 2018 aktualisierten Deutschen Nachhaltigkeitsstrategie (Bundesregierung 2018), in der Umsetzungsmaßnahmen für die SDGs national festgelegt wurden und der Bezug zur lokalen Ebene hergestellt wurde, entwickelte die Mehrzahl der Bundesländer an den SDGs ausgerichtete Nachhaltigkeitsstrategien bzw. passten bestehende Strategien an die SDGs an (Statistisches Bundesamt 2021b). Die lokale Umsetzung der SDGs bleibt jedoch weitgehend in der Verantwortung der einzelnen Kommunen. Hier ist zunächst zu konstatieren, dass sich deutsche Städte derzeit in sehr unterschiedlichen Stadien befinden: Während einige Städte bereits Grundsatzbeschlüsse zur Umsetzung der SDGs verabschiedet haben, werden sie in anderen Städten bisher noch gar nicht thematisiert (Krellenberg et al. 2019).

Dies hängt vor allem damit zusammen, dass die Herausforderungen zur Umsetzung der SDGs im Rahmen der nachhaltigen Stadtentwicklung vielfältig sind, wie in einem Co-Design-Prozess (vgl. auch Background Information Co-Design und Co-Produktion) mit Schlüsselakteuren aus städtischen Verwaltungen und der Praxis herausgefunden wurde (Krellenberg et al. 2019). Hier ist zunächst der bereits in der Leipzig Charta verankerte integrative Ansatz nachhaltiger Stadtentwicklung zu nennen, der durch die SDGs mit ihren vielfältigen Bezügen zur städtischen Ebene gleichfalls adressiert wird. Dadurch bestehen zur Umsetzung der SDGs in den Stadtverwaltungen institutionelle Herausforderungen, da sektorale Strukturen häufig ressortübergreifenden, integrativen Denk- und Handlungsweisen entgegenstehen. Hinzu kommt, dass die personellen Ressourcen städtischer Verwaltungen häufig nicht ausreichen, um diese zusätzlichen, integrativen Aufgaben zu übernehmen. Das ist insbesondere dann der Fall, wenn Nachhaltigkeit nicht verbindlich eingefordert wird bzw. der Wille vonseiten der Stadtpolitik nicht da ist, die Arbeitsfelder konsequent und dauerhaft an integrativer, nachhaltiger Entwicklung auszurichten. Das bedeutet, dass Nachhaltigkeit als Querschnittsaufgabe in den Städten zusätzliche Ressourcen erfordert, um die notwendigen Integrations- und Koordinationsleistungen zu erfüllen. Nachhaltigkeit muss zu einer Langfristaufgabe werden, ohne dass kurzfristige Interessen der Stadtpolitik den übergeordneten Zielen im Weg stehen und der scheinbare Widerspruch zwischen aktuellen drängenden politischen und gesellschaftlichen Problemen und einer langfristigen Nachhaltigkeitsstrategie gelöst werden. Hier kommen die bereits im Verlauf der Lokalen Agenda 21 gemachten Erfahrungen wieder zum Tragen, wie die Notwendigkeit, sehr unterschiedliche Erwartungshaltungen in Einklang zu bringen, oder die große Bedeutung der Stadtspitze als Impulsgeber für eine nachhaltige Stadtentwicklung. Starre Verwaltungsstrukturen und eine angemessene und erfolgreiche Bürgerbeteiligung waren zudem auch bei den Lokalen Agenda Prozessen herausfordernd (vgl. Kap. 3).

Im Folgenden werden zwei Beispiele für die Umsetzung der SDGs in deutschen Städten vorgestellt, die Stadt Bonn sowie der Berliner Bezirk Treptow-Köpenick.

Bonn

Die Stadt Bonn veröffentlicht seit dem Jahr 2005 alle drei Jahre einen Nachhaltigkeitsbericht. Darauf aufbauend verabschiedete der Rat der Stadt Bonn im Jahr 2019 eine kommunale Nachhaltigkeitsstrategie, die sich an den SDGs orientierte. Im Jahr 2020 wurde ergänzend ein VLR erstellt (Stadt Bonn 2020).

Bonn fasst die 17 SDGs in insgesamt sechs Handlungsfeldern zusammen, die prioritär für die künftige Bonner Stadtentwicklung sind: „Mobilität“, „Klima und Energie“, „Natürliche Ressourcen und Umwelt“, „Arbeit und Wirtschaft“, „Gesellschaftliche Teilhabe und Geschlechtergerechtigkeit“ sowie „Globale Verantwortung und Eine Welt“. Die Erarbeitung der Handlungsfelder erfolgte unter Einbeziehung verschiedener Verwaltungsressorts und der Zivilgesellschaft. Darüber hinaus engagiert sich die Stadt Bonn z. B. in dem Programm der Organisation für Wirtschaftliche Zusammenarbeit und Entwicklung (OECD) „A Territorial Approach to the Sustainable Development Goals“ und Netzwerken mit anderen Städten und Regionen zum internationalen und nationalen Erfahrungsaustausch zur Agenda 2030.

Eine Besonderheit der Bonner Nachhaltigkeitsstrategie ist die Formulierung aufeinander abgestimmter genereller Leitlinien, operativer Ziele und Maßnahmen zur Umsetzung der Ziele. Bereits seit Jahren angewendete Nachhaltigkeitsindikatoren wurden um die von der Bertelsmann-Stiftung erarbeiteten kommunalen SDG-Indikatoren ergänzt (vgl. Abschn. 3.3). Dadurch wurde eine datenunterlegte Darstellung des bisherigen Umsetzungsstandes erreicht.

Beispielhaft für den Aufbau der Bonner Nachhaltigkeitsstrategie und die Umsetzung der SDGs kann die dem Themenbereich „Natürliche Ressourcen und Umwelt“ zugeordnete thematische Leitlinie „Lebensqualität durch gut entwickelte blau-grüne Infrastruktur und Biodiversität steigern“ gesehen werden. Diese wird durch ein übergeordnetes strategisches Ziel und weitere spezifische operative Ziele konkretisiert. Zu den spezifischen Zielen gehört, dass die Versorgung mit öffentlichen Grünflächen im Jahr 2030 mindestens dem heutigen Niveau entspricht und die Lebensräume für gefährdete Tier- und Pflanzenarten gewahrt werden. Zur Umsetzung der Ziele werden konkrete operative Maßnahmen genannt, die die Erfüllung der Ziele sicherstellen sollen. Hierzu gehören z. B. die Erstellung eines integrierten Handlungskonzeptes Grüne Infrastruktur (IHK GI), die Sicherung der Fläche des Rheinauenparks oder die Finanzierung einer Stelle zur Unterstützung des Aktionsprogramms Biodiversität der Stadt Bonn. Ähnlich wie in den beiden internationalen Beispielen adressieren die o.g. Leitlinien und auch die konkreten Maßnahmen jeweils mehrere

SDGs (vgl. auch den Videoclip mit weiteren Beispielen, den die Stadt Bonn zur Umsetzung der SDGs veröffentlicht hat: https://youtu.be/duP8qMknIXs).◄

Treptow-Köpenick

Auch der Berliner Bezirk Treptow-Köpenick orientiert sich bei der Neuaufstellung seiner Nachhaltigkeitsstrategie an den SDGs. Aufbauend auf einem langjährigen Agenda-Prozess und einer aktiven Zivilgesellschaft organisierte die Bezirksverwaltung im Zeitraum von 2017–2020 Workshops zu den einzelnen SDGs. Im Rahmen dieser Workshops suchten Verwaltungsakteure gemeinsam mit Vertreter*innen von Vereinen, Unternehmen und Initiativen sowie interessierten Bürger*innen Ideen für konkrete Projekte zur Umsetzung jedes einzelnen SDGs. Dabei stand das Ziel im Vordergrund, die Projekte zu realisieren, weshalb auch Verantwortlichkeiten und konkrete Umsetzungsschritte festgelegt wurden. Die Nachhaltigkeitsstrategie soll in Kürze durch das Bezirksamt veröffentlicht werden und wird dann verschiedene Maßnahmen enthalten, die durch die Verwaltung aber auch durch zivilgesellschaftliche Akteure definiert und umgesetzt werden sollen.

Ein Beispiel für eine Maßnahme ist ein Mentoringprogramm für Bewerbende mit Migrationshintergrund im öffentlichen Dienst. Dieses Programm soll durch das Bezirksamt Treptow-Köpenick realisiert werden. Es bezieht sich insbesondere auf SDG 8 „Menschenwürdige Arbeit und Wirtschaftswachstum“, betrifft aber auch andere SDGs wie z. B. SDG 10 „Weniger Ungleichheiten“. Weitere Maßnahmen sind die Förderung eines kostenlosen Lastenfahrradverleihs im Bezirk oder die Förderung des Vertriebs fairen Kaffees. Im Rahmen eines Praxis-Forschungsprojekts, das von der Servicestelle Kommunen in der Einen Welt (SKEW) von Engagement Global gefördert wird, wurden darüber hinaus ein Monitoringsystem und ein Indikatorenset entworfen, welche die Umsetzung der SDGs begleiten sollen (HTW Berlin 2021).

Die für Treptow-Köpenick entwickelten Indikatoren sollen sich einerseits an den o. g. spezifischen Maßnahmen orientieren, andererseits aber auch den generellen Stand der nachhaltigen Entwicklung im Bezirk abbilden. Daher finden sich kleinteiligere Indikatoren (z. B. „Verleih von Lastenrädern“) sowie generellere Indikatoren (z. B. „Veränderung der Siedlungs- und Verkehrsfläche“ oder „Entwicklung der Jugendarbeitslosenquote“) wieder. Neben Daten, die im Bereich des kommunalen Datenmanagements durch den Bezirk und weitere öffentliche Institutionen erhoben werden, sollen auch alternative Datenquellen für das Monitoring verwendet werden. Hierfür wurden neue Kooperationen initiiert, wie z. B. mit der Organisation mundraub.org, die öffentliche Obstbäume kartiert oder dem Umweltbildungszentrum und dem Leibniz-Institut für Gewässerökologie und Binnenfischerei, die Ideen zur Messung von Mikroplastik im Müggelsee entwickeln.◂

4 Perspektive für Forschung und Praxis

Neben Stadtpolitik und -verwaltung sind im Sinne einer integrierten nachhaltigen Stadtentwicklung Wissenschaft, Zivilgesellschaft und Wirtschaft wichtige Akteure für die Umsetzung der SDGs. So besteht beispielsweise vonseiten der Wissenschaft Interesse daran, komplexe Zusammenhänge über Wirkungsketten zu analysieren, um Aussagen darüber treffen zu können, wie einzelne Ziele der SDGs sich wechselseitig beeinflussen (Koch et al. 2019). Diese Komplexität zu erfassen und in praxistaugliche Handlungsempfehlungen zu überführen, stellt eine Herausforderung dar, die im Rahmen inter- und transdisziplinärer Forschungskooperationen geleistet werden kann (vgl. Abschn. 4.1). Im Sinne eines Wissensaustauschs zwischen Wissenschaft und Praxis muss auch ermittelt werden, ob und wenn ja welche konkrete wissenschaftliche Unterstützung Kommunen in Bezug auf die SDGs benötigen.

Zivilgesellschaftliche Akteure wie z. B. NGOs aber auch einzelne Bürger*innen, spielen eine entscheidende Rolle bei der Umsetzung der SDGs in den Städten (vgl. Abschn. 3.4 und 3.5). So sind sie diejenigen, die in den Städten wohnen und arbeiten, sich tagtäglich in ihnen bewegen und den Wunsch nach einer hohen Lebensqualität haben. Darauf hat die Ausgestaltung der Stadtentwicklung einen wichtigen Einfluss. Daher ist eine Einbeziehung der Zivilgesellschaft bei der Entwicklung der Nachhaltigkeitsziele der Städte sowie bei der Ausgestaltung und Umsetzung konkreter Maßnahmen essentiell. Da diese Beteiligungsprozesse, die mit Anhörung, Diskussion und Aushandlung einhergehen, sehr zeit- und arbeitsintensiv sind, formulieren Kommunen zum Teil Bedarf nach einer Unterstützung durch externe Akteure, die aus der Wissenschaft oder auch aus anderen Bereichen wie beispielsweise Beratungsunternehmen kommen können (vgl. Krellenberg et al. 2019).

Für Wirtschaftsakteure in der Stadt nimmt die Bedeutung der SDGs und ihr Beitrag zu deren Umsetzung zu, je mehr sie in Prozesse der Stadtentwicklung

F. Koch und K. Krellenberg, *Nachhaltige Stadtentwicklung*, essentials,
https://doi.org/10.1007/978-3-658-33927-2_4

integriert sind. Durch die Zunahme öffentlich-privater Partnerschaften (ÖPP oder englisch Public-private-Partnerships), z. B. im Wohnungsbau, bei der Wasser-/Abwasserver- und -entsorgung, bei Verkehrsprojekten oder jüngst auch bei der kooperativen integrierten Quartiersentwicklung, stellen die Agenda 2030 und die SDGs auch für die Wirtschaft einen wichtigen Handlungsrahmen dar. Insbesondere die vielfältigen Smart City Ansätze, die im Zug der Digitalisierung in wachsendem Maße umgesetzt werden, leben von ÖPP. Dies macht deutlich wie wichtig es ist, die Zielentwicklungs- und Aushandlungsprozesse unter Einbeziehung aller Akteure durchzuführen.

4.1 Transdisziplinäre Ansätze: Zusammenarbeit von Wissenschaft, Stadtverwaltungen, Zivilgesellschaft und Wirtschaft

Die gemeinsame Arbeit von kommunalen Verwaltungen, Zivilgesellschaft, Wirtschaft und Wissenschaft zur Umsetzung der SDGs kann im Rahmen *transdisziplinärer Forschungsansätze* erfolgen. Die transdisziplinäre Forschung versteht sich dabei grundsätzlich als akteursorientierte Forschung. Das heißt, dass Praxisakteure substanziell an einem Forschungsprojekt beteiligt und nicht nur Gegenstand der Untersuchung sind. Dabei liegt dem transdisziplinären Forschen ein realweltlicher Ansatz zugrunde, also der Anspruch aktuelle Herausforderungen zu adressieren und Lösungen für die Praxis zu erarbeiten. Das gegenseitige Lernen der beteiligten Akteure und der Anspruch konkrete Lösungen zu entwickeln charakterisieren diese Forschungsrichtung, die z. B. durch Ansätze des Co-Designs oder der Co-Produktion erreicht werden können. Partizipation und die Generierung neuen Wissens vereinen dabei die *transdisziplinäre* und die *transformative* Forschung (vgl. Abschn. 4.2) (Defila und Di Giulio 2018).

Co-Design und Co-Produktion

Von Co-Design und Co-Produktion spricht man, wenn Praxisakteure nicht Objekt der Forschung sind, z. B. in ihrem Handeln analysiert oder über ihre Meinung befragt werden, sondern aktiv in den Prozess als Co-Forschende einbezogen werden (Defila und Di Giulio 2018). Im Sinne eines Co-Designs identifizieren Wissenschaftler*innen sowie Praxisakteure gemeinsam die zu adressierenden Herausforderungen und Problemlagen. Das führt im besten Fall dazu, dass die Anliegen und das Wissen aller Beteiligten im Sinne einer Co-Produktion von Wissen in die Erarbeitung von Lösungsansätzen einfließen und Transformationsprozesse angeschoben werden. Man spricht daher bei einer Co-Produktion auch von einer lernenden und forschenden Kooperation von wissenschaftlichen und außerwissenschaftlichen Akteuren (Jahn et al. 2012). Ein Co-Produktionsprozess lebt demnach von relevantem Wissen aus wissenschaftlichen und außerwissenschaftlichen Quellen (Lang et al. 2012). Dem liegt die Erkenntnis zugrunde, dass gesellschaftliche Herausforderungen nur durch diese Art des gemeinsamen Lernens und Forschens angemessen adressiert und gemeistert werden können (Schuck-Zöller et al. 2017).

Co-Designprozesse stellen eine wichtige Methode dar, um die Lücke zwischen wissenschaftlicher Theorie und praxisorientiertem Handeln zu schließen. Gerade für die Umsetzung der SDGs und der Agenda 2030 können derartige Prozesse dazu beitragen, die notwendigen Nachhaltigkeitstransformationen anzuschieben. Co-Design und Co-Produktion sind im Gesamtkontext verschiedener partizipativer, transdisziplinärer und transformativer Forschungsmethoden zu sehen (vgl. Abschn. 4.2).

In transdisziplinären Forschungsprojekten kann durch die gemeinsame Produktion von Wissen und das gegenseitige Lernen die Umsetzung der SDGs in den Kommunen unterstützt werden. Transdisziplinäre Forschungsansätze können genutzt werden, um gemeinsam mit allen beteiligten Akteuren Zielkonflikte zu identifizieren und den Aufbau von Monitoringsystemen und die Evaluierung des Umsetzungsstands der SDGs voranzutreiben. Auch der Prozess der Entwicklung und Umsetzung von SDG-Indikatoren und Leitlinien sowie die Erarbeitung strategischer/operativer Ziele und Maßnahmen kann so gemeinsam angegangen werden, wobei eine Einbeziehung der Zivilgesellschaft unbedingt erfolgen sollte (vgl. Garschagen et al. 2018). Von besonderem Interesse für die Wissenschaft ist es, die Art der Beteiligung und des Austausches zu gestalten und zu begleiten. Die Komplexität realweltlicher Problemlagen, die mit einer transdisziplinären Forschung adressiert werden, erfordert es zudem, dass die Wissenschaft interdisziplinär zusammenarbeitet.

Der Bedarf an transdisziplinärer Forschung bei der Umsetzung der SDGs konnte im Rahmen eines Co-Design-Prozesses mit Vertreter*innen aus Forschung und Praxis in Deutschland (Krellenberg et al. 2019) erhoben werden. Akteure aus der Stadtentwicklungspraxis wurden dezidiert gefragt, welche Unterstützung durch die Wissenschaft sie als hilfreich erachten. Wissenschaftliche Expertise wurde insbesondere für die folgenden Aspekte nachgefragt:

- Identifikation bzw. Analyse von Zielkonflikten
- Aufbau von Monitoringsystemen
- Mechanismen zur Evaluierung des Umsetzungsstands der SDGs
- Entwicklung von Indikatoren
- Entwicklung und Umsetzung von Leitlinien, strategischer/operativer Ziele und Maßnahmen
- Integration verschiedener Daten
- Steuerung des Gesamtprozesses

Auch die Entwicklung von Beteiligungs- und Austauschprozessen, die mit einer externen Prozessbegleitung und der Steuerung komplexer Abstimmungsprozesse einhergehen, wird als Beitrag der Wissenschaft gesehen.

4.2 Bedarf für transformative Forschung

Im Kontext transdisziplinärer Forschungsansätze haben sich in den letzten Jahren solche Forschungsformate weiterentwickelt, die gesellschaftliche Veränderungsprozesse nicht nur untersuchen, sondern Transformationsprozesse hin zu einer nachhaltigen Entwicklung gezielt erwirken bzw. mitgestalten können (vgl. WBGU 2011; Lahsen und Turnhout 2021). Diese werden als *transformative Forschungsansätze* bezeichnet und können gerade bei der Umsetzung der SDGs auf kommunaler Ebene eine wichtige Rolle spielen.

Ein Format transformativer Forschung stellt der Ansatz des Reallabors dar. Hier werden Forschungs- und Praxisziele zusammen adressiert, indem neue Erkenntnisse und neues Wissen durch den Austausch der Wissenschaft mit nicht-wissenschaftlichen Akteuren generiert und zugleich Transformationsprozesse angeschoben werden (Defila und Di Giulio 2018). Reallabore stellen eine Form des partizipativen Forschens dar, die einer normativen Orientierung wie beispielsweise den SDGs folgt. In einem Reallabor wird gemeinsam „experimentiert". Experimentieren heißt hier, unterschiedliche Lösungsansätze zu durchdenken, diese in einem iterativen Prozess kontinuierlich zu reflektieren und, soweit möglich, umzusetzen. Insbesondere durch das Experimentieren und Reflektieren findet ein intensiver Austausch zwischen den beteiligten Akteuren statt.

Für die Umsetzung der SDGs in Städten bietet das transformative Forschen in einem Reallabor die Möglichkeit, die mit der Agenda 2030 angestrebten Nachhaltigkeitstransformationen anzustoßen. Durch die kontinuierliche Reflexion über Prozesse und Ziele können dabei unerwünschte Folgen – wie zum Beispiel die Nichterreichung der SDGs oder konträr laufende Entwicklung zwischen den SDGs – rechtzeitig erkannt werden. Durch das beständige Aushandeln im Rahmen des Prozesses können im besten Fall Konflikte, die aus den zum Teil konträren Perspektiven und Interessen der Akteure entstehen, vermieden werden. Dennoch können Reallabore auch scheitern, wenn zum Beispiel keine Einigung auf eine gemeinsame Lösungsstrategie möglich ist. Ein solches Scheitern kann für die Stadtentwicklungspraxis mit einem Prestigeverlust oder ökonomischen Folgen einhergehen. Unter anderem aus diesem Grund stehen Stadtverwaltungen Reallaboren teilweise kritisch gegenüber. Aus der Forschungsperspektive lässt sich jedoch auch das Scheitern eines Reallabors als Erkenntnisgewinn einordnen, da sich daraus ggfs. übertragbares Handlungswissen für andere Reallabore generieren lässt. Dennoch sollte einem Scheitern entgegengewirkt werden. Eine offene Kommunikation über die Arbeit im Reallabor, den Mehrwert, die Grenzen, Zeithorizonte und Herausforderungen von Beginn an ist unerlässlich. Dazu gehört eine sehr vertrauensvolle Arbeit zwischen allen Beteiligten mit klar definierten Rollen und Aufgaben auf Augenhöhe (Beecroft et al. 2018).

Alle an einem Reallabor beteiligten Akteure sollten an Wissen und Erkenntnissen gewinnen und dazu befähigt werden, etablierte Prozesse und Kommunikationskulturen auch nach dem Ende eines Reallaborprozesses fortzusetzen (Empowerment), um so dem transformativen Anspruch der SDGs gerecht zu werden und gleichzeitig Veränderungsprozesse in der Kommune zu initiieren. Findet dies nicht statt, laufen Reallabore Gefahr, dass sich Vertreter*innen von Verwaltungen und der Praxis selbst als Versuchsperson sehen (Eckart et al. 2018).

Reallabore

Reallabore wurden in den letzten Jahren im Rahmen zahlreicher drittmittelfinanzierter Forschungsvorhaben umgesetzt und dabei von verschiedenen Ministerien finanziert. So förderte z. B. das Wirtschaftsministerium Baden-Württemberg mit den Förderlinien „Reallabore, BaWü-Labs" und „Reallabore Stadt" (MWK Baden-Wuerttemberg 2021) jeweils sieben Reallabore. Auch die Zukunftsstadtförderlinie des Bundesministeriums für Bildung und Forschung (BMBF) hat Reallabore unterstützt; darunter das Projekt „Ein urbanes Reallabor für die lokale Umsetzung der Sustainable Development Goals" in Lüneburg (Innovationsplattform Zukunftsstadt 2021), das explizit die Umsetzung der SDGs adressiert. Wichtige Ergebnisse sind vor allem im Rahmen der durchgeführten Begleitforschungen erwachsen. Durch die Erkenntnisse aus den Begleitforschungen können nun vermehrt strukturierte und praxisorientierte Grundlagen zur „Reallaborforschung" bereitgestellt werden. Es liegen Beschreibungen zu den eingesetzten Methoden vor, die für die Umsetzung konzeptioneller Reallabor-Ideen herangezogen werden können. Insbesondere aus den Erfahrungen derjenigen Reallabore, die als Treiber von Transformationen genutzt werden, kann Wissen über Methoden und Prozesse für den Einsatz zur Umsetzung der SDGs und zu Urbanen Nachhaltigkeitstransformation eingesetzt werden (Krellenberg und Koch 2021). Ein weiterer wichtiger Mehrwert aus den verschiedenen Reallaboren kann durch die Vernetzung von Akteuren entstehen.

BY

5 Fazit: Das transformative Potenzial der SDGs

Resümierend lässt sich feststellen, dass der transformative Anspruch der Agenda 2030 durch die Umsetzung der SDGs in den Städten aktiv befördert werden kann. So können die Anstrengungen vonseiten der Kommunen zur Umsetzung der SDGs dazu führen, dass sich neue Governance-, Beteiligungs- und Kooperationsformate entwickeln. Durch eine neue Art der Zusammenarbeit können sich die Perspektiven der verschiedenen Akteure verschieben, da durch den holistischen Charakter der SDGs eine integrative Herangehensweise an die komplexen Nachhaltigkeitsdefizite und ein sektorübergreifendes Denken und Handeln unausweichlich ist.

Somit birgt die intensive Auseinandersetzung mit den SDGs im Rahmen der nachhaltigen Stadtentwicklung das Potenzial, neue Wege zu gehen, um die Nachhaltigkeitsziele zu erreichen und somit auch die Stadtentwicklungspraxis selber zu transformieren. Zu beachten ist, dass dieser Prozess kein Selbstläufer ist und Beharrungskräfte sowie strukturelle Herausforderungen existieren. Auch Unvorhergesehenes und Unplanbares kann, wie das Beispiel der COVID-19 Pandemie zeigt, zu erheblichen Veränderungen der politischen und gesellschaftlichen Prioritäten führen (Krellenberg und Koch 2021). Insofern ist der Prozess der Transformation zu mehr Nachhaltigkeit nicht als linearer Prozess zu verstehen, sondern als kontinuierlicher Aushandlungs- und Kommunikationsprozess.

Einer der Kritikpunkte der SDGs ist, dass die Agenda 2030 sehr viel darüber sagt, was für Schritte hin zu mehr Nachhaltigkeit getan werden sollten und wenig darüber, wie diese Schritte erfolgen sollten (Garschagen et al. 2018). Die städtische Ebene bietet in diesem Sinne eine gute Möglichkeit, die globalen Ziele zu konkretisieren und Transformationsprozesse anzustoßen (Kabisch et al. 2018). Trotz der zahlreichen Herausforderungen sollte die Umsetzung der SDGs in den Städten daher als eine Chance gesehen werden.

F. Koch und K. Krellenberg, *Nachhaltige Stadtentwicklung*, essentials,
https://doi.org/10.1007/978-3-658-33927-2_5

Zum Abschluss stellt sich die Frage wo wir derzeit, sechs Jahre nach der Verabschiedung der Agenda 2030 und der SDGs, stehen. Aus der Perspektive der Umsetzung der SDGs in den Städten lässt sich konstatieren, dass zwar schon einiges erreicht wurde, allerdings noch große Anstrengungen notwendig sind, um die SDGs bis zum Jahr 2030 umzusetzen.

Was Sie aus diesem *essential* mitnehmen können

- Die Agenda 2030 mit den 17 SDGs kann eine nachhaltige Stadtentwicklung unterstützen
- Städte können und sollen einen entscheidenden Beitrag zur Umsetzung der SDGs leisten
- Die Herausforderungen bei der Umsetzung der SDGs sind groß, dennoch sind die SDGs als eine Chance zu sehen
- Eine enge Zusammenarbeit von Politik, Verwaltung, Umsetzungspraxis, Wissenschaft und Zivilgesellschaft ist unabdingbar, um die SDGs und die notwendigen Transformationen zur Nachhaltigkeit zu erreichen

F. Koch und K. Krellenberg, *Nachhaltige Stadtentwicklung*, essentials,
https://doi.org/10.1007/978-3-658-33927-2

Literatur

Angelo, H., & Wachsmuth, D. (2020). Why does everyone think cities can save the planet? *UrbanStudies,57*(11), 2201–2221. https://doi.org/10.1177/0042098020919081.

Attaran, A. (2005). An immeasurable crisis? A criticism of the millennium development goals and why they cannot be measured. *PLoS medicine,2*(10), e318. https://doi.org/10.1371/journal.pmed.0020318.

BBSR. (2009). *Integrierte Stadtentwicklung in Stadtregionen. Projektabschlussbericht.* Online Ressource. BBSR-Online-Publikation: 37/2009.

BBSR (Hrsg.). (2017). Die New Urban Agenda. Konsequenzen für die Stadtentwicklung. *IzR. Informationen zur Raumentwicklung 03/2017*. https://www.bbsr.bund.de/BBSR/DE/veroeffentlichungen/izr/2017/3/Inhalt/downloads/izr-3-2017-komplett-dl.pdf?__blob=publicationFile&v=1.

Beecroft, R., Trenks, H., Rhodius, R., Benighaus, C., & Parodi, O. (2018). Reallabore als Rahmen transformativer und transdisziplinärer Forschung: Ziele und Designprinzipien. In R. Defila & A. Di Giulio (Hrsg.), *Open. Transdisziplinär und transformativ forschen: Eine Methodensammlung* (S. 75–100). Springer VS. https://doi.org/10.1007/978-3-658-21530-9_4.

Beisheim, M. (2018). *UN-Reformen für die 2030-Agenda: Sind die Arbeitsmethoden und Praktiken des HLPF »fit for purpose«?*. Stiftung Wissenschaft und Politik.

Beisheim, M. (2020). Vom Schönwetterbericht zum Transformations-Rapport? Die nationale Berichterstattung zur Agenda 2030. *WeltTrends,165,* 32–37.

Beisheim, M., & Stiftung Wissenschaft und Politik. (2019). *UN-Gipfel – Jetzt mal Taten statt Worte?*https://doi.org/10.18449/2019A49.

Biermann, F., Kanie, N., & Kim, R. E. (2017). Global governance by goal-setting: The novel approach of the UN Sustainable Development Goals. *Current Opinion in Environmental Sustainability,26–27,* 26–31. https://doi.org/10.1016/j.cosust.2017.01.010.

Bundesministerium für Verkehr, Bau und Stadtentwicklung (BMVBS) (Hrsg.). (2007). Leipzig Charta zur nachhaltigen Europäischen Stadt. https://www.bmu.de/fileadmin/Daten_BMU/Download_PDF/Nationale_Stadtentwicklung/leipzig_charta_de_bf.pdf. Zugegriffen: 10. März 2021.

Born, M., & Kreuzer, K. (2002). *Nachhaltigkeit Lokal Lokale Agenda 21 in Deutschland. Eine Zwischenbilanz 10 Jahre nach Rio.* Forum Umwelt & Entwicklung; Servicestelle Kommunen für die Eine Welt. https://forumue.de/wp-content/uploads/2015/05/agla21_2002_bilanzbroschuerela21.pdf.

F. Koch und K. Krellenberg, *Nachhaltige Stadtentwicklung,* essentials,
https://doi.org/10.1007/978-3-658-33927-2

Bowen, K. J., Cradock-Henry, N. A., Koch, F., Patterson, J., Häyhä, T., Vogt, J., & Barbi, F. (2017). Implementing the "Sustainable Development Goals": Towards addressing three key governance challenges—Collective action, trade-offs, and accountability. *Current Opinion in Environmental Sustainability,26–27,* 90–96. https://doi.org/10.1016/j.cosust.2017.05.002.

Bulkeley, H., Castán Broto, V., & Edwards, G. A. S. (2015). *An urban politics of climate change: Experimentation and the governing of socio-technical transitions*. London: Routledge.

Bundesregierung. (2018). Deutsche Nachhaltigkeitsstrategie. Aktualisierung 2018. https://www.bundesregierung.de/resource/blob/975292/1559082/a9795692a667605f652981aa9b6cab51/deutsche-nachhaltigkeitsstrategie-aktualisierung-2018-download-bpa-data.pdf. Zugegriffen: 9. Febr. 2021.

Bundesregierung. (2021). Nachhaltigkeitsstrategie neu aufgelegt. https://www.bundesregierung.de/breg-de/aktuelles/nachhaltigkeitsstrategie-2021-1873560 . Zugegriffen: 10. März 2021.

City of Espoo. (2020). Voluntary local review. Implementation of the United Nations' Sustainable Development Goals 2030 in the City of Espoo. https://www.espoo.fi/download/noname/%7B51AF2F3B-6828-4CB3-BF78-D597D839E95B%7D/129376.

Defila, R., & Di Giulio, A. (Hrsg.). (2018). *Transdisziplinär und transformativ forschen: Eine Methodensammlung*. Springer VS. https://www.springer.com/.

Dellas, E., Carius, A., Beisheim, M., Parnell, S., & Messner, D. (2018). *Local and regional governments in the follow-up and review of global sustainability agendas*. Berlin & Brussels: adelphi & Cities Alliance.

Deutsche Präsidentschaft im Rat der EU. (2020a). *Neue Leipzig Charta: Die transformative Kraft der Städte für das Gemeinwohl.* Nationale Stadtentwicklungspolitik. https://www.nationale-stadtentwicklungspolitik.de/NSPWeb/SharedDocs/Downloads/DE/die_neue_leipzig_charta.pdf?__blob=publicationFile&v=4

Deutsche Präsidentschaft im Rat der EU. (2020b). *Implementing the New Leipzig Charter through Multi-Level-Governance: Next steps for the Urban Agenda for the EU*. https://www.nationale-stadtentwicklungspolitik.de/NSPWeb/SharedDocs/Downloads/DE/implementing_new_leipzig_charter.pdf?__blob=publicationFile&v=2.

Eckart, J., Ley, A., Häußler, E., & Erl, T. (2018). Leitfragen für die Gestaltung von Partizipationsprozessen in Reallaboren. In R. Defila & A. Di Giulio (Hrsg.), *Open. Transdisziplinär und transformativ forschen: Eine Methodensammlung* (S. 105–135). Springer VS. https://doi.org/10.1007/978-3-658-21530-9_6.

Eurocities. (2019). European cities SDG index. https://euro-cities.sdgindex.org/. Zugegriffen: 9. März 2021.

European Commission. (2021). Urban agenda for the EU. https://futurium.ec.europa.eu/en/urban-agenda. Zugegriffen: 9. März 2021.

Feeny, S. (2020). Transitioning from the MDGs to the SDGs: Lessons learnt? In S. Awaworyi Churchill (Hrsg.), *Moving from the millennium to the sustainable development goals* (S. 343–351). Singapor: Springer. https://doi.org/10.1007/978-981-15-1556-9_15.

Fehling, M., Nelson, B. D., & Venkatapuram, S. (2013). Limitations of the millennium development goals: A literature review. *Global Public Health,8*(10), 1109–1122. https://doi.org/10.1080/17441692.2013.845676.

Garschagen, M., Porter, L., Satterthwaite, D., Fraser, A., Horne, R., Nolan, M., Solecki, W., Friedman, E., Dellas, E., & Schreiber, F. (2018). The new urban agenda: From vision to policy and action/Will the new urban agenda have any positive influence on governments and international agencies?/Informality in the new urban agenda: From the aspirational policiesof integration to a politics of constructive engagement/Growing up or growing despair? Prospects for multi-sector progresson city sustainability under the NUA/Approaching risk and hazards in the new urban agenda: A commentary/Follow-up and review of the new urban agenda. *Planning Theory & Practice,19*(1), 117–137. https://doi.org/10.1080/14649357.2018.1412678.

Grunwald, A., & Kopfmüller, J. (2012). *Nachhaltigkeit: 2., aktualisierte Auflage* (2. Aufl.). Campus »Studium«. Campus. https://www.content-select.com/index.php?id=bib_view&ean=9783593412795.

Hickel, J. (2020). The world's sustainable development goals aren't sustainable. *Foreign Policy*. https://foreignpolicy.com/2020/09/30/the-worlds-sustainable-development-goals-arent-sustainable/.

HTW Berlin. (2021). Indikatorenset für die kommunale Nachhaltigkeitsstrategie Treptow-Köpenick. https://www.htw-berlin.de/forschung/online-forschungskatalog/projekte/projekt/?eid=2919. Zugegriffen: 9. März 2021.

Hulme, D. (2009). *The millennium development goals (MDGs): A short history of the world's biggest promise*. Vorab-Onlinepublikation. https://doi.org/10.2139/ssrn.1544271

International Council for Science ICSU. (2017). *A guide to SDG interactions: From science to implementation*. International Council for Science. https://council.science/wp-content/uploads/2017/05/SDGs-Guide-to-Interactions.pdf. Zugegriffen: 4. Apr. 2021.

Independent Group of Scientists appointed by the Secretary-General. (2019). *Global sustainable development report 2019: The future is now—Science for achieving sustainable development*. United Nations Press.

Innovationsplattform Zukunftsstadt. (2021). Stadt Lüneburg. https://www.innovationsplattform-zukunftsstadt.de/de/stadt-lueneburg-1829.html. Zugegriffen: 9. März 2021.

Institute for Global Environmental Strategies. (2020). *State of the voluntary local reviews 2020: Local action for global impact in achieving the SDGs*. IGES.

International Council for Science (ICSU), & International Social Science Council (ISSC). (2015). *Review of the sustainable development goals: The science perspective*. International Council for Science (ICSU).

Jahn, T., Bergmann, M., & Keil, F. (2012). Transdisciplinarity: Between mainstreaming and marginalization. *Ecological Economics, 79*, 1–10. https://doi.org/10.1016/j.ecolecon.2012.04.017.

Kabisch, S., Koch, F., Gawel, E., Haase, A., Knapp, S., Krellenberg, K., Nivala, J., & Zehnsdorf, A. (Hrsg.). (2018). *Urban transformations. Sustainable urban development through resource efficiency, quality of life and resilience*. Cham: Springer.

Kaika, M. (2017). 'Don't call me resilient again!': The new urban agenda as immunology … or … what happens when communities refuse to be vaccinated with 'smart cities' and indicators. *Environment and Urbanization, 29*(1), 89–102. https://doi.org/10.1177/0956247816684763.

Kamau, M., Chasek, P., & O'Connor, D. (2018). *Transforming multilateral diplomacy*. Routledge. https://doi.org/10.4324/9780429491276.

Kharrazi, A., Qin, H., & Zhang, Y. (2016). Urban big data and sustainable development goals: Challenges and opportunities. *Sustainability,8*(12), 1293. https://doi.org/10.3390/SU8121293.

Knipperts, J. (2019). *SDG-Indikatoren für kommunale Entwicklungspolitik: Indikatoren für den entwicklungspolitischen Beitrag von Kommunen zu den Sustainable Development Goals*. https://www.bertelsmann-stiftung.de/fileadmin/files/Projekte/Monitor_Nachhaltige_Kommune/2019-11-18_SDG-Indikatoren_fuer_kommunale_Entwicklungspolitik_Vorstudie.pdf.

Koch, F. (2020). Cities as transnational climate change actors: Applying a Global South perspective. *Third World Quarterly,* 1–19. https://doi.org/10.1080/01436597.2020.1789964.

Koch, F., & Ahmad, S. (2018). How to measure progress towards an inclusive, safe, resilient and sustainable city? Reflections on applying the indicators of sustainable development goal 11 in Germany and India. In S. Kabisch, F. Koch, E. Gawel, A. Haase, S. Knapp, K. Krellenberg, J. Nivala, & A. Zehnsdorf (Hrsg.), *Future City Ser: v.10. Urban transformations: Sustainable urban development through resource efficiency, quality of life and resilience* (Bd. 10, S. 77–90). Springer. https://doi.org/10.1007/978-3-319-59324-1_5.

Koch, F., Krellenberg, K., Reuter, K., Libbe, J., Schleicher, K., Krumme, K., Schubert, S., & Kern, K. (2019). Wie lassen sich die Sustainable Development Goals umsetzen? *disP – The Planning Review, 55*(4), 14–27. https://doi.org/10.1080/02513625.2019.1708063.

Kopnina, H. (2015). The victims of unsustainability: A challenge to sustainable development goals. *International Journal of Sustainable Development & World Ecology,23*(2), 113–121. https://doi.org/10.1080/13504509.2015.1111269.

Krellenberg, K., Bergsträßer, H., Bykova, D., Kress, N., & Tyndall, K. (2019). Urban sustainability strategies guided by the SDGs – A tale of four cities. *Sustainability,11*(4), 1116. https://doi.org/10.3390/su11041116.

Krellenberg, K., & Koch, F. (2021). Conceptualizing Interactions between SDGs and urban sustainability transformations in Covid-19 times. *Politics and Governance, 9*(1). https://doi.org/10.17645pag.v9i1.3607.

Lahsen, M., & Turnhout, E. (2021). How norms, needs, and power in science obstruct transformations towards sustainability. *Environmental Research Letters.*https://doi.org/10.1088/1748-9326/abdcf0.

Lang, D., Wiek, A., Bergmann, M., Stauffacher, M., Martens, P., Moll, P., Swilling, M., & Thomas, C. J. (2012). Transdisciplinary research in sustainability science: Practice, principles, and challenges. *Sustainability Science,7*(1), 25–43. https://doi.org/10.1007/s11625-011-0149-x.

Lange, P., Pagel, J., Schick, C., Eichhorn, S., & Reuter, K. (2020). Der Beitrag kommunaler Nachhaltigkeitsstrategien zur Umsetzung der Agenda 2030: Die handlungsleitende Ebene (operative Ziele und Maßnahmen) auf dem Prüfstand. *Die Nachhaltigkeitsagenda der Vereinten Nationen: Konzept, Entstehung und Wirkung der Sustainable Development Goals. Tagung des DVPW Arbeitskreises Umweltpolitik/Global Change, 5.–6. März 2020 im Schader-Forum, Darmstadt.*

Local 2030. (2021). Voluntary local reviews. https://www.local2030.org/vlrs. Zugegriffen: 9. März 2021.

Los Angeles Sustainable Development Goals. (2021a). City of Los Angeles data for sustainable development goal indicator. https://sdgdata.lamayor.org/. Zugegriffen: 9. März 2021.

Los Angeles Sustainable Development Goals. (2021b). SDG Activities Index. https://sdg.lamayor.org/activities-index. Zugegriffen: 9.3.2021

MacFeely, S. (2019). The big (data) bang: Opportunities and challenges for compiling SDG indicators. *Global Policy,10*(S1), 121–133. https://doi.org/10.1111/1758-5899.12595.

Mayor's Office of International Affairs. (2019). *Los Angeles sustainable development goals. A voluntary local review of progress in 2019.* https://www.local2030.org/pdf/vlr/las-voluntary-local-review-of-sdgs-2019.pdf.

Meadows, D. H. (1972). *The limits to growth: A report for the club of Rome's project on the predicament of mankind.* Universe Books.

MWK Baden-Wuerttemberg. (2021). Baden-Württemberg fördert Reallabore. https://mwk.baden-wuerttemberg.de/de/forschung/forschungspolitik/wissenschaft-fuer-nachhaltigkeit/reallabore/. Zugegriffen: 9. März 2021.

Nanz, P., & Fritsche, M. (2012). *Handbuch Bürgerbeteiligung: Verfahren und Akteure, Chancen und Grenzen.* Bundeszentrale für politische Bildung. https://www.khsb-berlin.de/fileadmin/user_upload/Bibliothek/Ebooks/1%20frei/Handbuch_Buergerbeteiligung.pdf.

Nationale Stadtentwicklungspolitik. (2021). In Städten gestalten wir unsere Zukunft. https://www.nationale-stadtentwicklungspolitik.de/. Zugegriffen: 9. März 2021.

Nilsson, M., Griggs, D., & Visbeck, M. (2016). Policy: Map the interactions between sustainable development goals. *Nature,534*(7607), 320–322. https://doi.org/10.1038/534320a.

Parnell, S. (2016). Defining a global urban development agenda. *World Development,78,* 529–540. https://doi.org/10.1016/j.worlddev.2015.10.028.

Patel, Z., Greyling, S., Simon, D., Arfvidsson, H., Moodley, N., Primo, N., & Wright, C. (2017). Local responses to global sustainability agendas: Learning from experimenting with the urban sustainable development goal in Cape Town. *Sustainability Science,12*(5), 785–797. https://doi.org/10.1007/s11625-017-0500-y.

Pfeffer, K., & Georgiadou, Y. (2019). Global ambitions, local contexts: Alternative ways of knowing the world. *ISPRS International Journal of Geo-Information,8*(11), 516. https://doi.org/10.3390/ijgi8110516.

Pufé, I. (2017). *Nachhaltigkeit* (3. Aufl.). *utb: Bd. 8705.* UVK Verlagsgesellschaft mbH mit UVK/Lucius.

Rösler, C. (2003). Lokale Agenda 21 und Nachhaltige Kommunalentwicklung. *DIFU-Berichte, 1,* 16–19. https://difu.de/sites/difu.de/files/archiv/publikationen/zeitschriften/difu-berichte/difu-berichte-2003_1.pdf.

Rudd, A., Simon, D., Cardama, M., Birch, E. L., & Revi, A. (2018). The UN, the Urban Sustainable Development Goal, and the New Urban Agenda. In T. Elmqvist, X. Bai, N. van Frantzeskaki, C. Griffith, D. Maddox, T. McPhearson, S. Parnell, P. Romero-Lankao, D. Simon, & M. Watkins (Hrsg.), *Urban planet: Knowledge towards sustainable cities* (S. 180–196). Cambridge University Press. https://doi.org/10.1017/9781316647554.011.

Schnepf, J., & Groeben, N. (2019). Lokale-Agenda-21-Prozesse: Förderliche und hinderliche Bedingungen. *Ökologisches Wirtschaften-Fachzeitschrift, 33*(1), 41–46. https://doi.org/10.14512/OEW340141.

Schuck-Zöller, S., Cortekar, J., & Jacob, D. (2017). Evaluating co-creation of knowledge: From quality criteria and indicators to methods. *Advances in Science and Research,14,* 305. https://doi.org/10.5194/asr-14-305-2017.

Siragusa, A., Vizcaino, P., Proietti, P., & Lavalle, C. (2020). *European handbook for SDG voluntary local reviews. EUR: Bd. 30067.* Publications Office of the European Union.

SDSN. (2019). SDG Index and Dashboards Report for European Cities. https://www.sdgindex.org/reports/sdg-index-and-dashboards-report-for-european-cities/. Zugegriffen: 9. März 2021.

SKEW. (2021). Zeichnungskommunen der Agenda 2030 Resolution. https://skew.engagement-global.de/zeichnungskommunen-agenda-2030.html. Zugegriffen: 9. März 2021.

Stadt Bonn. (2020). *Lokalbericht aus Bonn „Voluntary Local Review“ – Agenda 2030 auf der lokalen Ebene.* Bonn. https://www.bonn.de/medien-global/amt-02/Voluntary-Local-Review-Bericht.pdf.

Statistisches Bundesamt. (2021a). Indikatoren der UN-Nachhaltigkeitsziele. https://sdg-indikatoren.de/. Zugegriffen: 9. März 2021.

Statistisches Bundesamt. (2021b). Nachhaltigkeitsstrategien der Bundesländer. https://www.destatis.de/DE/Themen/Gesellschaft-Umwelt/Nachhaltigkeitsindikatoren/Deutsche-Nachhaltigkeit/nachhaltigkeit-laender.html. Zugegriffen: 10. März 2021.

UCLG. (2019). *The localization of the global agendas: How local action is transforming territories and communities. Gold V Report.* United Cities and Local Governments.

UN Habitat. (2018). *Tracking progress towards inclusive, safe, resilient and sustainable cities and human settlements. SDG 11 synthesis report, high level political forum.* United Nations Press.

UN Habitat. (2020). *WORLD CITIES REPORT 2020: The value of sustainable urbanization.* United Nations.

UNSD. (2021). SDG Indicators. Global indicator framework for the Sustainable Development Goals and targets of the 2030 Agenda for Sustainable Development. https://unstats.un.org/sdgs/indicators/indicators-list/. Zugegriffen: 9. März 2021.

United Nations. (2012). “Our Struggle for Global Sustainability will be won or lost in cities” says secretary-general, at New York Event. https://www.un.org/press/en/2012/sgsm14249.doc.htm. Zugegriffen: 10. März 2021.

United Nations. (2015a). *The millennium development goals report.* https://www.un.org/millenniumgoals/2015_MDG_Report/pdf/MDG%202015%20PR%20Global.pdf.

United Nations. (2015b). *Transforming our world: The 2030 agenda for sustainable development A/RES/70/1.*

United Nations. (2016). *New Urban Agenda: Quito declaration on sustainable cities and human settlements for all (71/256).*https://www.un.org/en/development/desa/population/migration/generalassembly/docs/globalcompact/A_RES_71_256.pdf. Zugegriffen: 10. März 2021.

United Nations. (2018). *The world's cities in 2018 — Data booklet: ST/ESA/ SER.A/417.* https://www.un.org/en/events/citiesday/assets/pdf/the_worlds_cities_in_2018_data_booklet.pdf.

United Nations. (2020). *Progress towards the Sustainable Development Goals. Report of the secretary-general.* https://sustainabledevelopment.un.org/content/documents/26158Final_SG_SDG_Progress_Report_14052020.pdf.

Watson, V. (2016). Locating planning in the New Urban Agenda of the urban sustainable development goal. *Planning Theory, 15*(4), 435–448. https://doi.org/10.1177/1473095216660786.

WBGU (2011). *Welt im Wandel – Gesellschaftsvertrag für eine Große Transformation.*

WBGU. (2016). *Der Umzug der Menschheit – Die transformative Kraft der Städte: WBGU – German Council on Global Change (2016) Der Umzug der Menschheit – Die transformative Kraft der Städte.* Berlin: WBGU.

Printed in the United States
by Baker & Taylor Publisher Services

Printed in the United States
by Baker & Taylor Publisher Services